KB179010

코리올리가 들려주는 대기 현상 이야기

코리올리가 들려주는 대기 현상 이야기

ⓒ 송은영, 2010

초 판 1쇄 발행일 | 2005년 7월 29일
개정판 1쇄 발행일 | 2010년 9월 1일
개정판 13쇄 발행일 | 2021년 5월 31일

지은이 | 송은영
펴낸이 | 정은영
펴낸곳 | (주)자음과모음

출판등록 | 2001년 11월 28일 제2001-000259호
주   소 | 04047 서울시 마포구 양화로6길 49
전   화 | 편집부 (02)324-2347, 경영지원부 (02)325-6047
팩   스 | 편집부 (02)324-2348, 경영지원부 (02)2648-1311
e-mail | jamoteen@jamobook.com

ISBN 978-89-544-2037-2 (44400)

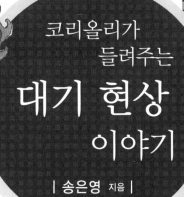

코리올리가
들려주는

대기 현상
이야기

| 송은영 지음 |

|주|자음과모음

코리올리를 꿈꾸는 청소년을 위한
'대기 현상' 이야기

세상에는 두 부류의 천재가 있다고 합니다.

한 부류는 창의적인 사고가 너무도 기발하고 독창적이어서, 우리와 같은 평범한 사람들은 결코 따라갈 수 없는 천재입니다. 그리고 또 한 부류는 우리도 부단히 노력만 하면, 그와 같이 될 수 있을 것 같은 부류의 천재입니다.

앞의 예로는 아인슈타인이 대표적입니다. 이런 사람은 한 세기에 한 명 나올까 말까 한 뛰어난 두뇌를 지니고 있는 천재로, 인류 문명에 새로운 물꼬를 터 주었지요. 그러면 우리도 충분히 될 수 있을 것 같은 그런 천재들이 그 뒤를 이어 인류 문명에 새로운 활력을 불어넣어 준답니다.

아인슈타인과 같은 천재는 말할 것도 없고, 우리도 능히 될 수 있을 것 같은 천재들에게서 남다르게 나타나는 것은 '빛나는 창의적 사고'입니다. 빛나는 창의적 사고와 직접적인 연관이 있는 것은 '생각하는 힘'입니다. 인류가 이만큼의 문명을 이룰 수 있었던 것은 다른 동물과는 차별되는 '생각하는 힘'을 유감없이 발휘했기 때문입니다. 그래서 '생각하는 힘'은 아무리 칭찬을 해 주어도 지나치지 않지요.

대기 현상 속에는 무궁무진한 사고의 밑거름이 숨어 있습니다. 오로라를 보고 감탄하는 것에 그치지 않고, 오로라는 왜 발생하며, 왜 극지방에서만 관찰이 가능한지를 생각해야 한다는 겁니다. 그럼으로써 여러분의 사고 능력은 일취월장하게 됩니다. 나날이 커져 가는 여러분의 창의적 능력을 기대해 봅니다.

한결같이 저를 지켜봐 주시는 여러분들과 이 책이 나오는 소중한 기쁨을 함께 나누고 싶습니다. 책을 예쁘게 만들어 준 (주)자음과모음 식구들에게 감사 드립니다.

송 은 영

차례

1

지구 대기와 오로라

지구 대기는 어떻게 구분될 수 있을까요?
대류권, 성층권, 중간권, 열권 등 지구 대기의 구분과 특징을 알아봅시다.

첫 번째 수업

지구 대기와 오로라

코리올리는
지구 대기에 대해 설명하며
첫 번째 수업을 시작했다.

대기와 대기권

우주 공간의 천체들을 보면 기체가 있는 것이 있고, 없는
것이 있습니다. 예를 들어 달은 기체가 아주 희박한 반면, 지
구는 기체가 풍부하지요. 이렇게 천체를 둘러싸고 있는 기체
를 대기라고 합니다. 그러니까 달은 대기가 거의 없는 천체
이고, 지구는 대기가 풍부한 천체가 되는 것이지요.

그렇다면 지구의 대기에 대해 살펴볼까요?

지구에 있는 대기를 지구 대기라고 하는데, 흔히 그냥 대기

라고 부르곤 하지요. 따라서 지구 표면을 둘러싸고 있는 대
기층을 대기권이라고 합니다. 대략 지상 1,000km까지의 공
간을 뜻하지요.

대기는 여러 원소들로 이루어져 있고, 꽤 높이까지 뻗어 있
습니다. 대기를 구성하는 대표적인 원소와 분포 비율을 적어
보면 다음과 같습니다.

원소	원소 기호	비율 (%)
질소	N_2	78.1
산소	O_2	20.9
아르곤	Ar	0.93
이산화탄소	CO_2	0.03

지구 대기의 구성 비율

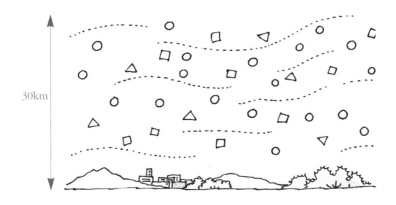

30km

이밖에 헬륨(He), 크립톤(Kr), 크세논(Xe), 라돈(Rn) 등이 미량으로 분포합니다. 이러한 지구 대기의 99%가 지상 30km 이내에 모여 있습니다.

대기권의 구조

지구는 상공으로 오를수록 기온이 변화합니다. 어느 높이까지는 기온이 낮아지고 어느 높이까지는 기온이 상승하고, 어디서부터는 기온이 다시 낮아지는 등 다양하게 변하지요. 그래서 지구 대기를 수직 방향의 기온 분포에 따라서 크게 대류권, 성층권, 중간권, 열권으로 나눈답니다.

우리가 일상적으로 대기층이라고 부를 때의 공간은 대류권

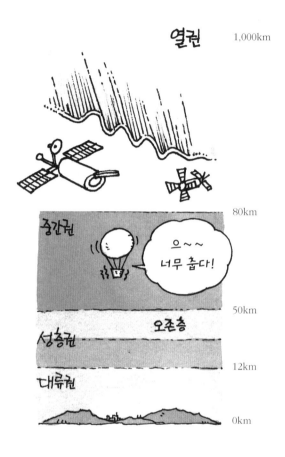

을 의미합니다. 지구 대기의 75%가 이곳에 집중되어 있지요.

이곳은 1km 상승할 때마다 6.5℃씩 기온이 떨어집니다. 그러다 보니 아래쪽 공기보다 위쪽 공기가 차갑습니다. 아래쪽 공기는 따뜻하니 가벼워져서 떠오르려 하고, 위쪽 공기는 상대적으로 무거워져서 가라앉으려고 합니다. 아래쪽 공기

와 위쪽 공기가 이렇게 섞이게 되니 자연스레 대류 현상이 일어나면서 구름이 생성되고, 비와 눈이 내리는 대기 현상이 나타납니다. 이 지역에 대류권이란 이름이 붙여진 이유이기도 하지요.

지역에 따라서 약간의 차이가 있긴 하지만, 평균적으로 지상에서 12km까지를 대류권으로 간주합니다. 극지방에선 10km, 적도 지방에선 15km까지를 대류권으로 본답니다.

대류권 바로 위가 성층권입니다. 즉 대류권 위로부터 고도 50km 내외의 높이까지로, 25km 부근에 오존층이 넓게 걸쳐 있습니다. 오존층은 인체에 유해한 자외선을 다량 흡수해 주지요.

자외선은 오존층의 위쪽에서부터 흡수되어서 아래쪽으로

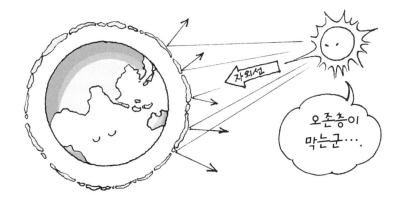

내려올수록 적게 흡수됩니다. 이것은 오존층이 위쪽보다는 아래쪽의 온도가 더 낮기 때문이지요.

온도가 낮으면 상대적으로 무거워져서 가라앉으려 하지요. 따라서 아래쪽 대기의 온도는 낮고, 위쪽 대기의 온도는 높은 구조로 되어 있는 성층권은 위아래의 공기가 뒤섞이는 대류 현상이 일어나지 않는답니다.

성층권 다음은 중간권으로, 고도 약 50~80km의 구간입니다. 이곳도 대류권처럼 높이 올라갈수록 기온이 낮아지는데, 기온이 떨어지는 정도가 상당히 심하답니다. 대기권에서 가장 낮은 온도까지 내려가지요. 따라서 아래 공기층의 온도는 높고, 위 공기층의 온도는 낮으므로 대류 현상이 일어나지요. 그러나 수증기가 희박해서 비가 오거나 눈이 내리는 등의 대기 현상은 발생하지 않습니다.

중간권 너머로는 대기권의 최상층 공간인 열권이 자리합니다. 이곳은 대략 1,000km까지의 구간으로, 성층권처럼 높이 오를수록 온도가 높아집니다. 게다가 공기도 매우 희박해서 대류 현상은 물론이고, 기상 현상도 일어나지 않습니다.

또한 열권은 오로라가 생기며, 기상 관측이나 통신 위성 등의 여러 인공위성이 떠 있는 곳입니다.

오로라가 생기는 까닭

오로라는 '여명을 닮은 북녘의 빛'이라는 뜻을 담고 있지요. 태양의 신, 아폴로의 여동생 아우로라의 이름에서 유래한 것이랍니다.

오로라는 참으로 아름다운 자연 광경입니다. 오로라는 전기를 띤 작은 입자들이 열권 부근에 머물고 있는 지구 대기와 마찰을 하면서 형형색색의 영롱한 불꽃을 만드는 현상이지요.

그럼, 이제 사고 실험을 통해 오로라에 대한 실체를 좀 더 상세히 파악해 보도록 하겠습니다. 사고 실험은 창의적 상상력을 부쩍부쩍 키워 주는 머릿속 생각 실험이지요.

태양은 쉼 없이 막대한 양의 열에너지를 내뿜고 있어요.

이 속에는 다양한 종류의 전기 입자들이 무수히 담겨 있어요.

이 중 일부가 태양열과 함께 지구로 다가와요.

주춤거림 없이 다가오던 입자들이 갑자기 멈칫하기 시작해요.

지구 대기와 지구 자기장을 느끼기 시작한 거예요.

지구는 N극과 S극을 갖고 있는 일종의 막대자석과 같지요.

그래서 망망대해에 떠 있는 배들이 무사히 항해할 수 있는 거잖아요.

지구 대기권 밖은 거의 진공이나 마찬가지예요.

공기가 거의 없다는 뜻이에요.

태양에서 나온 전기를 띤 입자들이 지구 대기권 밖에선 마찰을 하려고 해도 마찰을 하기가 어려운 이유예요.

그러나 지구 대기권은 사정이 달라요.

우주 공간과는 비교되지 않을 만큼의 공기가 있어요.

지구 대기권의 본격적인 시작은 열권에서부터예요.

태양에서 나온 전기를 띤 입자들이 열권에서부터 대기와 마찰을 본격적으로 시작한다는 의미예요.

이러한 마찰의 결과로 생기는 게 무엇이라고 했지요?

그래요, 오로라라고 했어요.

오로라가 열권 언저리에서 주로 생기는 이유예요.

열권부터는 인공위성이 머물기 시작합니다. 인공위성에서 오로라를 사진으로 찍으면, 더욱 선명하고 아름답습니다. 우주선을 타고 상공으로 올라간 우주 비행사들이 사진으로 가장 담고 싶어 하는 것 중의 하나가 오로라라고 합니다.

오로라가 생기는 지역

오로라는 열권에서 생긴다고 하였습니다. 그런데 왜 극지방에서만 이런 현상이 생길까요?

사고 실험으로 그 이유를 알아보겠습니다.

한반도 상공으로 죽 올라가도 열권은 있어요.

열권은 특정 지역에만 있는 게 아니에요.

그러면 한반도에서도 오로라를 볼 수 있어야 해요.

그런데 그렇지가 않아요.

오로라는 특정 지역에서만 관찰이 가능해요.

극지방에 가까운 곳이 그런 지역이에요.

대체 이유가 뭘까요?

왜 한반도에선 오로라를 관찰할 수 없는 걸까요?

이 답은 지구 자기장이 설명을 해 주는데요, 사고 실험을 계속하겠습니다.

전기를 띤 입자가 움직이면, 자석의 성질을 갖게 돼요.

태양에서 나온 전기를 띤 입자들이 자석처럼 행동한다는 이야기예요.

그러니 이 입자들은 지구 자기장의 N극과 S극이 나오는 곳으로 많이 몰릴 거예요.

쇳가루가 막대자석의 N극과 S극에 많이 몰리는 것처럼 말이에요.

지구 자기장의 N극과 S극이 있는 곳이 어디지요?

그래요, 북극과 남극 근처예요.

태양이 방출한 전기를 띤 입자들이 극 지역에 많이 머무는 이유예요.

그러니 그곳 근처에서 지구 대기와 태양이 방출한 입자들 사이의 마찰이 빈번히 일어날 거예요.

오로라가 극지방에서 주로 관찰되는 이유예요.

오로라는 위도로 65°를 넘는 지방에서 주로 관찰이 가능합니다. 오로라 활동이 특히 활발한 지역은 스칸디나비아에서 그린란드를 거치는 지역과, 캐나다의 허드슨 만에서 알래스카에 이르는 지역이랍니다. 이들 지역에선 오로라의 빛 때문에 까만 하늘이 아닌 밤을 종종 맞이하곤 한답니다.

우아, 하늘이 무너지는 것 같아요!

저건 오로라예요. 즉 전기를 띤 입자들이 열권 언저리의 지구 대기와 마찰하면서 형형색색의 불꽃을 만들어 보이는 현상이죠.

아, 그랬군요. 괜히 놀랐네. 참 그런데 열권이라는 것은 뭔가요?

지구 대기는 높이에 따라 기온이 변화하는데, 기온 분포에 따라서 대류권, 성층권, 중간권, 열권으로 나누어요. 보통 우리가 대기층이라고 부르는 공간은 대류권을 의미하죠.

대기권의 구조

아, 대기권을 나눈 부분 중에 한 부분이라는 거군요. 그럼 다른 부분도 설명해 주세요.

우선 대류권은 지상에서 약 12km까지로, 지구 대기의 75%를 차지하죠. 이곳에서는 대류 현상이 일어나 구름이 생성되고, 비와 눈이 내리는 등 대기 현상이 나타나죠.

비

눈

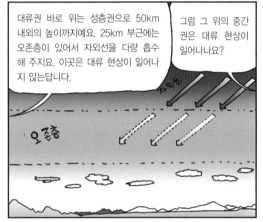

대류권 바로 위는 성층권으로 50km 내외의 높이까지예요. 25km 부근에는 오존층이 있어서 자외선을 다량 흡수해 주지요. 이곳은 대류 현상이 일어나지 않는답니다.

그럼 그 위의 중간권은 대류 현상이 일어나나요?

자외선

오존층

네. 중간권(약 50~90km)에도 대류권처럼 높이 올라갈수록 기온이 낮아지기 때문에 대류 현상은 일어나지만, 수증기가 희박해서 대기 현상은 발생하지 않아요.

마지막으로 오로라 현상이 일어나는 열권은 대략 1,000km까지의 공간으로, 대류 현상도 기상 현상도 일어나지 않아요. 이곳은 인공위성이 떠 있는 곳이기도 하죠.

열권에 인공위성들이 떠 있군요.

1,000km

2

대기 순환과 전향력

지구의 대기는 왜 순환할까요?
대기의 순환과 전향력이 생기는 까닭에 대해 알아봅시다.

대기 순환과 전향력

코리올리는 자신을 소개하며
두 번째 수업을 시작했다.

여러분, 나 코리올리가 좀 낯선가요? 나는 18~19세기 프
랑스의 물리학자로, 대기가 순환하는 데 결정적인 영향을 미
치는 힘 중의 하나인 코리올리 힘의 발견자입니다.

나와 함께 대기 순환에 대해 알아봅시다.

대기가 일정한 까닭

지구 대기는 질소, 산소, 아르곤, 수소, 헬륨, 오존, 이산화

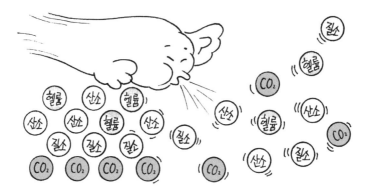

탄소 등 다양한 여러 기체들로 이루어져 있지요. 그런데 지구 곳곳에서 대기의 기체 구성 비율을 조사해 보면 큰 차이가 없답니다. 왜 그럴까요? 이것은 대류 현상에 의해 위층과 아래층의 대기가 골고루 섞이기 때문입니다.

지구 대기 순환

지구 대기는 한곳에 머물러 있지 않고 움직입니다. 이것을 지구 대기가 순환한다고 하지요.

그렇다면 지구 대기는 왜 순환하는 걸까요?

여러분, 지구본을 본 적이 있지요? 지구본을 보면 지구가

곧게 서 있지 않고 옆으로 23.5° 기울어져 있습니다. 즉, 공전 궤도면에 대해서는 66.5° 기울어져 있는 셈이지요.

지구가 이렇게 기울어서 회전하는 탓에, 지구의 모든 곳에서 같은 양의 태양열을 받을 수는 없답니다. 게다가 지구가 구형이라는 사실도 그렇게 되는 데에 한몫하지요.

그래서 적도 지역은 너무 많은 태양 에너지를 받아서 사시사철 무덥고, 극지방은 적도 지역과는 달리 태양 에너지를 너무 적게 받아서 1년 내내 춥답니다. 즉, 적도 지역은 에너지가 남고, 극지방은 에너지가 모자라는 불평등이 생기는 겁니다.

지구는 이러한 극심한 에너지 불평등을 좋아하지 않습니다. 따라서 지구 전체적으로 고르지 못한 열 불평등을 적당히 해소해 주어야 할 겁니다.

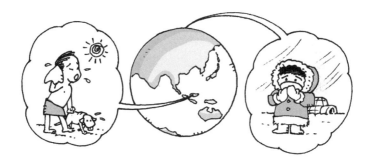

　더운물에 찬물을 섞으면 어떻게 되지요? 그래요, 더운물은
열을 주고 찬물은 열을 받는 교환을 하지요. 지구의 불평등
한 에너지도 이와 비슷한 과정을 겪는답니다. 에너지가 남는
쪽은 에너지를 주고, 에너지가 부족한 지역은 그걸 받아서
보충하지요.

　그러자면 무엇인가가 열을 적도에서 극 쪽으로 옮겨 주어
야 할 겁니다. 그것이 무엇이겠어요? 그래요, 그 역할의 상당
부분을 대기가 해 준답니다. 이것이 지구 대기가 전 세계를
아우르듯 움직이며, 이른바 대기 대순환을 하는 이유입니다.

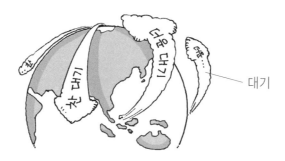

대기

대기 순환과 전향력

　지구 대기는 순환을 합니다. 지구 대기가 순환을 하는 데 결정적인 영향을 끼치는 것이 지구의 자전입니다. 좀 더 엄밀하게 말하면, 지구가 자전하면서 생기는 힘 때문이지요.

　사고 실험을 통해 자세히 알아봅시다.

지구가 자전을 하고 있어요.

자전 방향은 서쪽에서 동쪽이에요.

여기는 북반구예요.

한 사람은 한라산에 서 있고, 또 한 사람은 백두산에 서 있어요.

한라산은 저위도에 위치해 있고, 백두산은 그보다 고위도에 있어요.

백두산에 있는 사람이 한라산에 있는 사람을 향해서 대포를 쏘았어요.

한라산에 있는 사람은 대포알이 어느 쪽으로 움직인다고 말할까요?

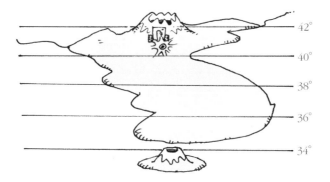

　　지구가 자전을 하지 않으면 대포알은 한라산을 향해서 곧
장 날아갈 거예요. 백두산이 고위도에 있고, 한라산이 저위
도에 있다는 것이 문제될 게 없는 거예요. 그러나 지구는 둥
글 뿐만 아니라 회전도 하고 있어요. 그래서 상황이 다를 수
밖에 없습니다. 사고 실험을 이어 가겠습니다.

지구는 둥글어요.

그래서 경도는 같은 1°라도,

위도마다 그 길이가 달라요.

북반구의 경우, 저위도 지

역이 고위도 지역보다 길

어요.

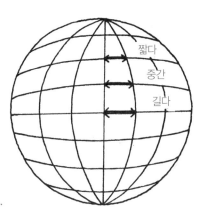

이것은 남반구도 마찬가지예요.

반면, 지구가 자전하는 데 걸리는 시간

은 고위도나 저위도나 똑같아요.

이것은 무슨 뜻인가요?

그래요, 다른 거리를 같은 시간에 달려야 한다는 말이에요.

그러자면 어떻게 해야겠어요?

맞아요, 빨리 달리는 수밖에 없어요.

이것이 저위도 지역의 회전 속도가 고위도 지역보다 빠른 이유예요.

그렇습니다. 지구의 자전 주기는 고위도나 저위도나 일정
한데, 움직여야 하는 거리는 다르지요. 그러니까 저위도와
고위도의 달리는 속도가 다를 수밖에요. 이러한 속도를 선속
도라고 합니다. 따라서 저위도와 고위도의 선속도는 다르다
고 말할 수 있습니다.

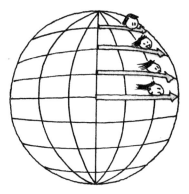

저위도의 선속도 〉 고위도의 선속도

사고 실험을 계속하겠습니다.

백두산은 고위도이고, 한라산은 저위도예요.
그러니 자전하는 지구를 생각하면, 백두산
에 서 있는 사람보다 한라산에 서 있는 사
람이 더 빨리 움직이는 셈이에요.
빨리 달리는 쪽에서 느리게 달리는 쪽을
보면 어떻게 보이지요?
그래요, 뒤처지는 것처럼 보여요.
그러면 한라산에 서 있는 사람에게 백두
산에서 쏜 대포알은 어떻게 보이겠어요?
맞아요, 뒤처지는 걸로 보일 거예요.

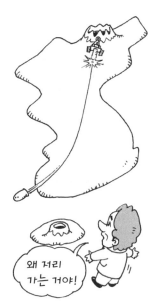

왜 저리
가는 거야!

그래서 한라산에 서 있는 사람에게 대포알은 서쪽으로 치우치는 걸로 보여요.

한편, 날아오는 대포알의 입장에선 오른쪽으로 치우치게 된 격이에요.

이처럼 북반구에선 지구의 자전 때문에 대포알이 곧장 날아가지 못하고 오른쪽으로 휘어지게 됩니다. 이러한 현상은 지구를 순환하는 대기에도 마찬가지로 적용됩니다. 대기와 바람은 진행 방향의 오른쪽으로 휘어지지요.

휘어진다는 것은 힘을 받았다는 뜻이지요. 이 힘을 방향을 바꾸는 힘이라는 뜻으로 전향력이라고 합니다. 전향력은 발견자인 내 이름을 따서 코리올리 힘이라고도 부르지요. 남반구에서는 전향력의 방향이 북반구와는 반대입니다.

만화로 본문 읽기

선생님, 지구 대기가 순환한다는 말이 무슨 말인가요?

그건 대기가 한곳에 머물러 있지 않고 움직인다는 말입니다. 지구 대기가 순환을 하는 데 결정적인 영향을 끼치는 것은 바로 지구의 자전이죠.

지구의 자전이요?

네. 고위도의 사람이 저위도의 사람에게 대포를 쏘았다고 가정해 봐요. 만약 지구가 자전을 하지 않으면 대포알은 저위도 사람에게 곧장 날아갈 거예요.

그런데 지구는 자전을 하고, 주기가 일정해도 경도는 같은 1도라도 길이가 달라 움직여야 하는 거리는 다르지요. 저위도와 고위도의 달리는 속도가 다른 것을 선속도라고 하죠.

그 얘기는 저위도의 선속도가 고위도의 선속도보다 빠르다는 말씀이군요.

맞아요. 그러니 고위도 사람보다 저위도 사람이 더 빨리 움직이는 셈이에요. 따라서 고위도에서 쏜 대포알은 저위도 사람에게 서쪽으로 치우치는 것처럼 보이고, 대포알의 입장에선 오른쪽으로 치우치는 격이 되는 것이죠.

이처럼 북반구에선 지구의 자전 때문에 대포알이 곧장 날아가지 못하고 오른쪽으로 휘어지게 되지요. 이러한 현상은 지구를 순환하는 대기에도 마찬가지로 적용됩니다.

그럼 대기와 바람은 진행 방향이 오른쪽으로 휘어지겠군요.

그렇죠! 바로 이 힘을 방향을 바꾸는 힘이라는 뜻으로 '전향력'이라 하고, 발견자인 내 이름을 따서 '코리올리 힘'이라고도 부른답니다.

아~, 그게 선생님 이름을 따서 만든 거였군요.

3

오존과 온실 효과

오존층이 파괴되면 어떻게 될까요?
오존의 양과 온실 효과의 관계에 대하여 알아봅시다.

3

세 번째 수업

오존과 온실 효과

코리올리는 1996년의
한 오존 주의보를 예로 들며
세 번째 수업을 시작했다.

1996년 6월 8일의 오존 주의보

　1996년 6월 8일 오후, 서울 한강 북쪽 전 지역에 1~2시간 동안 오존 주의보가 발령되었습니다.

　이날의 오존 주의보는 많은 사람을 당황케 하였습니다. 주의보나 경보라 하면 방공과 관련된 사이렌 소리를 연상하는 한국 사람들에게 오존 주의보는 놀라움을 안겨 주었지요. 그래서 몇몇 사람들 중에는 오존층이 파괴되어 태양의 자외선이 마구 쏟아져 내리는 줄 알고 얼굴을 가리는 사람도 적지

않았던 것이지요.

과학자의 비밀노트

오존 주의보

오존 농도가 일정 수준보다 높아 피해를 입을 염려가 있을 때 이에 대한 주의를 환기하기 위하여 발령하는 예보이다.

한국은 1995년부터 대기 오염의 심각성을 일깨우기 위하여 오존 경보 제도를 도입하였다. 오존 주의보는 3단계의 오존 경보 제도 가운데 가장 낮은 단계로서 1시간 평균 오존 농도가 0.12ppm 이상일 때 발령된다. 이 상태로 3~4시간 지속되면 기침과 눈의 자극, 숨이 찬 증상을 느끼게 된다. 또 2주일 정도 지속되면 두통과 숨가쁨, 시력 장애 등을 겪게 된다.

　오존주의보가 기준을 넘어 1시간 평균 오존 농도가 0.3ppm 이상일 경우에는 오존 경보, 0.5ppm 이상일 경우에는 오존 중대 경보가 발령된다.

오존의 이모저모

오존은 산소 원자 3개가 결합한 산소의 동소체입니다. 동소체란 같은 원소로 되어 있지만 원자의 배열이나 결합 방식이 달라서 다른 특성을 보이는 물질이지요.

동소체의 대표적인 예로는 흑연과 다이아몬드가 있습니다. 이들은 모두 탄소라는 지극히 평범한 원소로 이루어져 있지만 겉으로 보기에는 굉장히 다르지요? 하지만 둘 다 동소체입니다.

계속해서 오존에 관해 이야기해 볼까요? 산소가 격렬한 전기 방전을 한 후에 오존이 생성됩니다. 전기 기기가 전기 불꽃을 일으키거나 벼락과 천둥이 친 후에, 코를 찌르는 시큼한 냄새가 나곤 하는데, 이것이 오존이 풍기는 냄새랍니다.

흑연   다이아몬드

　오존에는 해로운 오존과 이로운 오존이 있습니다. 해로운 오존은 대기 중에서 인체에 피해를 주는 오존이고, 이로운 오존은 상공에서 오존층을 형성해 유해한 자외선을 차단해 주는 오존이지요.

　오존은 매우 강력한 산화력을 갖고 있습니다. 산소보다도 우수한 산화제이지요. 그러나 이것은 장점과 함께 단점이 되기도 하지요.

　가정으로 들어오는 하천이나 강물을 소독하는 데 한국에서는 염소를 사용하지요. 이때 염소는 독성이 있는 염소 화합물을 형성할 수가 있습니다. 그러나 외국의 몇몇 나라들은 오존으로 수돗물을 소독합니다. 오존은 박테리아를 죽이는 것 외에 별다른 해로움이 없지요. 이렇게 오존을 사용하면 염소가 안고 있는 단점을 해소할 수가 있답니다.

반면 오존의 강력한 산화력은 식물이나 자연산 고무 제품에 심각한 피해를 주고, 수도관을 녹슬게 하는 단점이 있습니다.

오존과 로스앤젤레스

오존의 첫 대규모 피해 사례는 1940년대 초의 로스앤젤레스로 거슬러 올라갑니다. 맑은 여름 한낮이 되면 안개가 빈번히 발생하면서 눈과 코를 따갑게 자극하고 농작물이 말라 죽곤 했지요. 시민들은 그것이 공장에서 배출한 오염 물질

탓이라 생각했습니다.

"오염 물질을 규제하자."

강력한 시민 운동이 펼쳐졌고, 이러한 노력은 곧바로 호응을 얻었습니다. 공장의 매연이 눈에 띄게 감소했지요. 그러나 시민들이 느끼는 증상은 별반 달라지지 않았습니다. 도심 한복판에선 여전히 아지랑이가 피어올랐고, 눈과 목은 따갑고 아팠으며, 농작물 피해도 여전했습니다.

로스앤젤레스 시는 캘리포니아 공과 대학에 그 원인을 의뢰했고, 조사팀은 곧바로 대기 분석에 들어갔습니다.

그런데 뜻밖의 결과가 나왔습니다. 공장 매연을 대폭 줄였지만 대기에 다량의 질소 산화물과 탄화수소가 포함되어 있었던 겁니다. 하루가 다르게 급속히 늘어난 자동차가 뿜어내

는 배기가스를 고려하지 않았던 거지요.

이것으로 눈과 목이 따가운 이유는 밝혀졌지요. 그러나 공장으로부터 농작물에 대한 심각한 피해를 보상받기에는 부족했습니다. 연구팀은 논의를 거듭했고, 이내 산뜻한 생각 하나를 이끌어 내었습니다.

"태양광선이 어떤 역할을 하는 게 아닐까?"

연구팀은 질소 산화물과 탄화수소가 들어 있는 오염 기체와 농작물을 한곳에 넣고 자외선을 내리쬐어 보았습니다. 결과는 수 시간 만에 나타났습니다. 농작물의 이파리 뒷면으로 기름 같은 광택이 뚜렷하게 번지는 것이었습니다. 로스앤젤레스 시 도처에서 발발한 농작물 피해와 정확히 일치했습니다. 농작물에 해를 끼친 존재는 오존이었던 겁니다.

오존은 온도가 높고 햇빛이 강하면 강할수록 활발하게 생성됩니다. 그래서 일사량은 많으면서 바람은 없고 기온이 높은 한여름 정오부터 오후 4시 사이에 오존 농도가 급격히 증가한답니다. 그래서 오존 주의보는 그 시간대에 자주 발령하지요.

오존과 자외선

자외선과 오존층 파괴는 비례 관계에 있습니다. 오존층이 파괴될수록 지상으로 내려오는 자외선도 증가하기 때문이지요. 그런데 그 비율은 자외선이 더 큰 폭으로 증가한답니다. 오존층이 5~10% 파괴되면 자외선은 10~20% 늘고, 20% 파괴되면 50%로 늘어나지요.

자외선은 피부를 노화시킬 뿐 아니라 피부암의 원인이기도 하지요. 유전자의 본체인 DNA가 자외선을 만나면 이상 결합과 이상 배열을 하고, 유전 정보를 어긋나게 전달시켜 세포의 돌연변이를 유발합니다.

암은 일종의 세포 돌연변이로, DNA에 이상이 생겨서 발생하지요. 정상 세포는 어느 정도의 크기로 성장하면 증식을 멈추지만, 암세포는 DNA에 이상이 생긴 탓에 조절 기능을

상실하여 끊임없이 증식을 이어 간답니다.

이뿐만이 아닙니다. 자외선은 녹내장과 백내장을 일으키고, 농산물에도 심각한 피해를 주지요. 자외선이 농작물에 끼치는 피해는 적당히 넘어갈 문제가 아닙니다. 오존층이 10% 남짓 파괴되면 쌀 수확량은 $\frac{1}{4} \sim \frac{1}{3}$ 정도로 감소합니다. 또한, 플랑크톤의 생육에도 영향을 주어 생태계 전반을 혼란에 빠뜨린답니다. 이렇듯 오존층 파괴는 자연의 또 다른 재앙인 것입니다.

더워지는 지구

미국의 해양 연구소와 항공 우주국의 공동 연구진들은 지구가 더워지고 있다는 증거를 이렇게 발표했습니다.

"1960년에서 1990년에 이르는 30년 동안 고위도 지역(북위 $45°\sim70°$)에 분포하는 이산화탄소의 농도는 급격히 증가했습니다. 이 때문에 이 일대의 평균 기온이 지구 전체 평균 기온보다 월등하게 치솟았습니다."

연구진은 또 이렇게 덧붙였습니다.

"이번 연구에서 특히 주목할 점은 모든 계절에서 온도 변화가 있었지만, 특히 봄의 기온 상승이 두드러졌다는 사실입니다."

봄 기온이 상승함으로써 미치는 영향은 자못 심각해서, 벼 농사와 같은 계절 변화에 민감한 농업이 가장 먼저 피해를 입게 되지요.

연구진은 또 이렇게 지적했습니다.

"문제의 심각성은 지구 온도 상승이 계속 이어지고 있다는 사실입니다."

지구 에너지 평형

지구는 태양으로부터 막대한 열을 쉼 없이 받고 있습니다. 하지만 그렇다고 열을 받아들이기만 하는 것은 아니랍니다. 복사 형태로 에너지를 방출하는데, 이것을 지구 복사 에너지라고 합니다.

이러한 복사가 없었다면, 지구는 이미 예전에 생명체가 살 수 없는 고온의 행성으로 변했을 것입니다. 지구가 내보내는 에너지는 적외선 영역이어서 눈으로 볼 수는 없지만 기상 위성이 찍은 적외선 사진으로 확인이 가능하답니다.

지구는 둥글고 지표는 균일하지 않지요. 그래서 각 지역마다 받는 태양 에너지의 양이 같을 수가 없습니다. 저위도 지

역인 적도 부근은 많은 태양 에너지를 받는 반면, 고위도 지역은 상대적으로 적은 태양 에너지를 받지요.

그러나 지구가 방출하는 에너지는 위도에 따른 차이가 별로 없답니다. 그러다 보니 저위도, 중위도, 고위도의 열수지(열의 수입과 지출)에 큰 차이가 생긴답니다.

즉, 저위도는 받아들이는 태양 에너지는 많지만 내보내는 양은 상대적으로 적어서 에너지 과잉 현상이 나타나고, 반면 고위도에서는 에너지 부족 현상이 생기게 된답니다. 이렇게 말이지요.

저위도 지방 : 흡수 에너지 〉 방출 에너지

위도 38° 부근 : 흡수 에너지 = 방출 에너지

고위도 지방 : 흡수 에너지 〈 방출 에너지

하지만 지구 전체적으로 보면 에너지 과잉 양과 에너지 부족 양이 같아서, 지구 온도가 급변하지 않고 일정하게 유지된답니다. 또한 이러한 에너지의 과잉과 부족을 해소하기 위해 대기가 범지구적으로 순환하는 것이기도 하지요.

온실 효과

그렇습니다. 지구는 온도를 일정하게 유지해 나가기 위한 하나의 방법으로서 대기 순환을 이용하는 것입니다. 그런데도 지구 전체적으로 보면 매년 평균 기온이 조금씩 상승하고 있는데, 여기에는 이산화탄소의 영향 때문입니다.

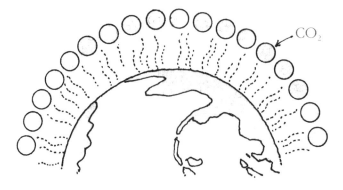

CO_2

　지구는 태양으로부터 받은 빛을 모두 흡수하지 않고 일부
를 반사해서 내보냅니다. 이때 대기 중에 흩어져 있는 이산
화탄소와 수증기 그리고 오존이 그중 일부를 재흡수해서 지
구 밖으로의 태양 에너지가 나가는 것을 막게 됩니다.

　이런 일련의 과정을 온실 효과라고 하는데, 마치 온실 표
면이 열의 방출을 막는 것과 유사하다고 해서 붙은 이름이
랍니다.

　적당한 온실 효과는 생명체가 살아가기에 더없이 포근한 환
경을 만들어 주지요. 그러나 과하거나 부족하면 반드시 좋지
않은 일이 일어나듯, 온실 효과도 마찬가지입니다. 수증기, 이
산화탄소, 오존의 양이 너무 적어서 태양광의 재흡수가 원활하
게 이루어지지 않으면 지구 온도는 지금보다 30~40℃ 가량
내려가게 됩니다.

  반면 수증기, 이산화탄소, 오존이 필요 이상으로 많아지게
되면, 이상 고온 현상이 발생해서 결국에는 심각한 이상 재
해가 발생하게 됩니다. 빙하가 녹고 해수면이 올라가는 등
지구 생태계 전반에 적지 않은 악영향이 닥쳐온답니다.

  이것이 현재의 지구가 처해 있는 현실이지요.

아, 덥다~! 참, 선생님, 최근 몇 년 동안 날씨가 따뜻해졌는데, 그것도 대기 현상과 관련이 있나요?

덥다고요? 나보다 더위를 많이 타는군요. 그건 아마도 온실 효과 때문일 겁니다.

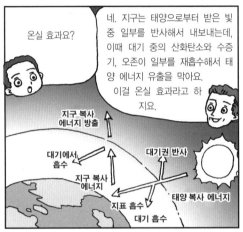

온실 효과요?

네. 지구는 태양으로부터 받은 빛 중 일부를 반사해서 내보내는데, 이때 대기 중의 산화탄소와 수증기, 오존이 일부를 재흡수해서 태양 에너지 유출을 막아요. 이걸 온실 효과라고 하지요.

지구 복사 에너지 방출

대기에서 흡수

대기권 반사

지구 복사 에너지

태양 복사 에너지

지표 흡수

대기 흡수

그런데 적당한 온실 효과는 생명체가 삶을 살기에 더없이 포근한 환경을 만들어 주지만, 과하거나 부족하면 문제가 됩니다.

어떤 문제요?

수증기, 이산화탄소, 오존의 양이 적어 태양광의 재흡수가 원활하지 않으면 지구 온도가 내려가요. 반면에 너무 많아지면 이상 고온 현상이 발생해서 심각한 이상 재해가 생기게 되죠.

수증기, 이산화탄소, 오존이 너무 적으면 → 이상 저온

수증기, 이산화탄소, 오존이 너무 많으면 → 이상 고온

참 큰일이네요.

그런데 방금 말씀하신 오존이라는 건 뭔가요?

오존이요? 오존은 산소 원자 세 개가 결합한 산소의 동소체로 보통 산소가 격렬한 전기 방전을 한 후에 생성되죠.

O_3

이 오존에는 해로운 오존과 이로운 오존이 있는데, 해로운 오존은 인체에 피해를 주고, 이로운 오존은 상공에서 오존층을 형성해 유해한 자외선을 차단해 주지요.

아, 오존이 그런 역할을 하는군요.

해로운 자외선 →

4

대기 오염과 관련하여

스모그와 산성비는 왜 나타나는 걸까요?
대기 오염의 원인과 우리 생활에 미치는 영향에 대해 알아봅시다.

4

네 번째 수업

대기 오염과 관련하여

코리올리는 1970년대의
한국을 떠올리며
네 번째 수업을 시작했다.

대기 오염

　1970년대만 해도 한국의 대기는 외국인이 원더풀을 외칠
만큼 청명했습니다. 그런데 요즘의 현실은 어떤가요. 숨쉬기
조차 힘들만큼 대기가 탁하지요. 환경 훼손에 대한 부메랑
효과를 망각한 것이 그 원인이었습니다.

　산업 혁명을 필두로 꽃핀 공업화는 20세기에 들어와서도
그 가속도를 늦추지 않았습니다. 공장에서 무차별적으로 배
출한 시커먼 연기와 가정용 연료 가스 그리고 자동차 배기가

스가 대기를 더욱 오염시켰지요. 이산화황, 일산화탄소, 질소 산화물, 탄화수소와 분진이 대기 속을 누비며 우리의 호흡을 어렵게 했습니다.

이산화황은 무색의 자극성 유독 기체로 석유와 석탄 같은 화석 연료가 연소할 때 발생합니다. 이산화황의 농도가 높아지면 눈에 염증이 생기거나 호흡기 질환이 증가하고, 식물이 쉽게 말라 죽습니다. 특히, 바위나 돌에 이끼처럼 붙어사는 지의류는 이산화황에 상당히 민감해서 대기 오염이 심한 곳에선 지의류를 찾아보기가 어렵습니다. 그래서 지의류를 오염 지표 식물이라고 부르지요.

일산화탄소는 무색무취이므로 감지하기가 어렵습니다. 그런데다 몸속 곳곳에 산소를 운반해 주는 헤모글로빈과 결합

하는 능력이 탁월합니다. 이것이 일산화탄소를 들이마셨을 때 호흡 곤란이 오는 이유입니다. 아파트 문화가 정착하기 이전에는 가정의 주연료가 연탄이었습니다. 그때는 문틈이나 갈라진 구들장 사이로 새어 나온 연탄가스(일산화탄소)를 들이마시고 목숨을 잃는 불의의 사고가 많았습니다.

이 외에도 대기 오염은 광화학 스모그와 산성비를 낳는 주요인이기도 합니다. 스모그는 배기가스(smoke)와 안개(fog)의 합성어이지요. 대기 중의 질소 산화물과 탄화수소, 그리고 이산화황이 빛을 받고 수증기와 결합하면 안개 같은 것이 생기는데, 이것이 스모그입니다. 스모그는 바람이 불지 않는 청명한 날 오전에 주로 발생하고, 광합성을 하는 식물에 큰 피해를 끼친답니다.

안개

안개란 공기 중에 떠도는 미세한 물방울이 뿌옇게 뭉쳐진 것을 말합니다.

먼지를 닦지 않아서 더러워진 안경은 사물을 정확히 구별하기 어렵지요. 또한, 눈의 수정체가 혼탁해지면 물체를 알아보는 데 어려움이 따릅니다. 그렇듯 안개가 자욱이 내리면 눈으로 볼 수 있는 가시거리는 제약을 받을 수밖에 없습니다.

하지만 뿌옇게 끼었다고 해서 모두 다 안개라고 하진 않습니다. 뿌옇게 낀 정도에 따라, 1km 너머의 사물을 알아볼 수 있으면 안개라고 하지 않고, 1km 내의 물체를 식별하기 어렵도록 짙게 끼면 안개라고 하지요.

공기 중의 수증기가 응결되어 만들어지는 것이라는 점에서, 안개와 구름은 본질적으로 다르지 않고, 지면에 가까이 접해 있는 것이면 안개, 상층에 떠 있는 미세 물방울이 뭉쳐진 것이면 구름이라고 가려서 부를 뿐이랍니다. 그러니까 설악산 정상을 에워싸고 있는 뿌연 수증기 더미를 지상에선 구름이라고 부르지만, 산 정상에선 안개라 불러도 무방하다는 말이지요.

안개가 생기려면 공기가 엉기어야 합니다. 차가운 공기가 따뜻한 바다 표면으로 이동하면 수면에서 증발한 수증기와 어우러져 안개가 발생하는데, 이것이 김 안개입니다. 공기와 수면의 온도가 엇비슷하면 김 안개는 만들어지지 않습니다. 온도 차가 클수록 안개는 짙게 생기지요.

태양이 사라진 밤에 생기는 안개를 복사 안개라고 합니다. 복사 안개는 날씨가 쾌청하고 바람이 약할 때 잘 생깁니다. 물론, 공기 중에 수증기가 많아야 함은 두말할 필요가 없지요. 수증기가 부족하면 이슬이 맺히거나 서리가 내리는 정도로 그치고 만답니다.

산성비

오염이 안 된 비도 완전한 중성은 아닙니다. 공기 중에 떠 있는 산성 물질과 섞여서 약간의 산성기를 띠기 때문이지요. 만약 갖가지 대기 오염 물질이 공기 중에 퍼져 있으면 비의

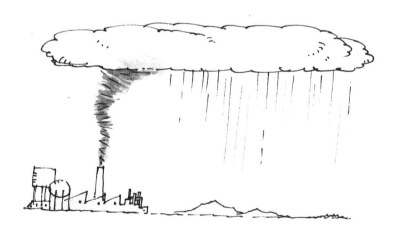

산성도가 한층 높아질 겁니다.

석탄과 석유를 태울 때 나오는 이산화황은 산성비를 만드는 주원인입니다. 이산화황은 수증기와 섞여서 아황산이 되고, 아황산은 산소와 만나서 황산이 됩니다. 이것이 비가 내릴 때 붙어서 함께 떨어지면 산성비가 되는 것입니다.

또한, 자동차가 배출하는 배기가스에도 산성비의 주원인 물질이 포함되어 있지요. 일산화질소나 이산화질소 같은 질소 산화물이 빗물에 녹으면 질산으로 바뀐답니다.

황산과 질산은 염산에 견줄 만한 강한 산성 용액이지요. 그러니 그들이 빗물에 섞여 지상으로 내렸을 때 어떤 일이 벌어질지는 상상이 되고도 남습니다. 농작물은 말할 것 없고 건물까지 부식되지요.

석회암과 대리석은 산성비와 반응해서 서서히 녹아내립니다. 조상의 숨결이 고이 잠들어 있는 문화유산은 석회암과 대리암을 재료로 쓴 작품이 많은데, 산성비가 내리는 한 문화유산의 훼손은 불을 보듯 뻔한 일입니다.

이렇다 보니 요즈음 비를 맞는다는 것은 식초 물에 뛰어드는 것과 별반 다르지 않은 듯싶어요. 추적추적 내리는 비를 맞으며 연인과 숲길을 걷는다든가, 첫눈 오는 날 덕수궁 돌담길 앞에서 만나자는 약속은 산성비가 사라진 다음으로 미뤄야 할 듯싶네요.

만화로 본문 읽기

콜록콜록~. 선생님, 도시로 나오니까 좋긴 한데 숨을 제대로 못 쉬겠어요.

대기 오염 때문에 그래요. 이것이 다 환경 훼손에 대한 부메랑 효과를 망각한 것이 그 원인이죠.

공업화로 인해 공장에서 배출한 시커먼 연기, 자동차 배기가스 등이 대기를 더욱 오염시켰지요. 이산화황, 질소 산화물, 탄화수소 등이 대기 속을 누비며 호흡을 어렵게 하는 것이죠.

콜록콜록~.

구체적으로 어떻게 나쁜 것이죠?

화석 연료가 연소할 때 발생하는 이산화황은 농도가 높아지면 눈과 호흡기 질환이 증가하고, 식물이 말라 죽어요. 특히, 바위나 돌에 붙어사는 지의류는 이산화황이 많은 곳에선 찾아보기 어렵답니다.

또한 몸속 곳곳에 산소를 운반해 주는 헤모글로빈과 결합하는 능력이 탁월해서, 들이마시게 되면 호흡 곤란이 오게 돼요. 과거 연탄을 사용했을 땐 일산화탄소를 들이마시고 목숨을 잃는 불의의 사고가 드물지 않았다고 합니다.

그리고 대기 중의 질소 산화물과 탄화수소, 그리고 이산화황이 빛을 받고 수증기와 결합하면 안개 같은 것이 생기는데, 이것이 스모그입니다.

스모그 = 배기가스(smoke) + 안개(fog)

이처럼 대기 오염은 광화학 스모그를 일으키는 원인이기도 하고 또 산성비를 낳는 주요인이기도 합니다.

대기 오염이란 참 심각한 문제네요.

비와 관련하여

비는 어떻게 내리며, 구름, 천둥, 번개와는 어떤 관계가 있을까요?
비가 만들어지고 내리는 과정을 알아봅시다.

다섯 번째 수업

비와 관련하여

코리올리는 비가
어떻게 내리는지 궁금하지 않느냐며
다섯 번째 수업을 시작했다.

비와 구름

비는 어떻게 내릴까요? 그리고 구름과는 어떤 관계에 있을
까요?

사고 실험으로 문제를 해결해 보도록 하겠습니다.

비가 내리려면 빗방울이 만들어져야 해요.

빗방울은 원래부터 있는 게 아니에요.

하늘에 떠 있는 수증기가 방울방울 모여야 해요.

그것이 떨어지면 비가 되는 거예요.

물방울이 만들어지려면, 일단은 수증기가 뭉치고 다음엔 차가워져야
해요.

차가워져야 하는 이유는 다음과 같아요.

기체가 액체가 되려면 온도가 올라가야 하나요, 내려가야 하나요?

맞아요, 내려가야 해요.

그래서 수증기(기체)가 물방울(액체)이 되려면, 기온이 떨어져야 하
는 거예요.

물방울이 모이면 구름이 생겨요.

구름 속 물방울이 빗방울이 되는 거예요.

구름은 비를 만드는 저장 창고나 마찬가지예요.

구름이 드넓게 퍼져 있다는 건, 빗방울을 많이 모으고 있다는 뜻이에요.

그러니 비가 거세게 올 거예요.

또한 구름이 두껍다는 것도 빗방울이 많다는 뜻이에요.

그러니 이 또한 비가 거세게 내릴 거예요.

구름이 두꺼우면 두꺼울수록 빛이 통과하기가 어려워요.

빛이 통과하지 못하니, 어둡게 보일 거예요.

그래서 짙은 먹구름이 깔릴수록 비가 거세게 오는 거예요.

이 사고 실험을 통해 비는 대기 중의 수증기가 응축하고 냉각되어 떨어지는 것이고, 먹구름이 많을수록 장대비가 쏟아진다는 것을 알게 되었지요.

비가 심하게 오면, 번개가 치지요.

번쩍이는 섬광에 이어 가공할 파괴력으로 떨어지는 번개, 그것이 지상으로 떨어지는 모습을 보면 직선이 아니라, 나뭇가지가 가지를 치는 형상이지요. 번개는 왜 이런 식으로 내려오는 걸까요?

구름과 구름, 구름과 지상 사이에 높은 전압 차가 생기면 극히 짧은 시간 동안에 전류가 지상으로 흐르는데, 이것이 번개입니다. 번개가 1번 칠 때의 에너지는 100W 전구 수만 개를 몇 시간은 족히 켜 놓을 수 있는 양이지요.

번개가 이처럼 엄청난 에너지를 갖고 지상으로 내리치는 탓에, 주변은 극심한 혼란을 겪게 됩니다. 공기가 이쪽저쪽

왜 번개는 곧게 내려오지 않는 걸까?

으로 쏠리고, 습도와 기압, 온도 분포와 맞물려서 복잡한 대
기 상태가 형성됩니다.

번개는 이러한 상태의 대기를 지나면서 가장 빨리 내려올
수 있는 길을 찾게 되지요. 즉, 지상으로의 최단 경로를 따라
서 하강하는 것입니다. 이것이 번개의 경로가 지그재그 형태
를 만드는 이유입니다.

번개와 피뢰침

우리가 번개를 두려워하는 가장 큰 이유는 벼락 때문입니
다. 벼락은 대단한 위력을 지니고 있지요.

벼락은 최단 경로를 따라 0.02초 내외의 시간 안에 지상에

닿습니다. 그러면서 표적이 될 만한 곳을 찾지요. 주 대상은
뾰족한 곳인데요, 왜 그런지 사고 실험을 통해 알아봅시다.

표면이 고른 둥근 물체와 한쪽이 뾰족하게 튀어나온 물체가 있어요.

두 물체 모두에 전기가 들어 있지요.

양(+)이든, 음(−)이든 전기는 움직여요.

둥근 물체에 있는 전기는 이동이 쉬워요.

형태상 좌우상하 어느 쪽으로도 쉽게 갈 수가 있기 때문이에요.

이건 전기가 균등하게 분포해 있다는 뜻이기도 해요.

그래요, 둥근 물체에는 전기가 고르게 퍼져 있어요.

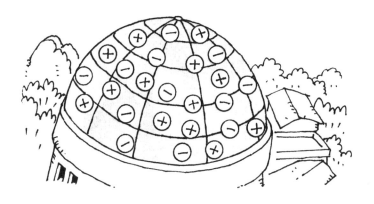

그러나 뾰족한 물체는 사정이 달라요.

뾰족한 곳에 모인 전기는 다른 곳으로 이동하는 것이 어려워요.

그 좁은 공간에서 옴짝달싹 못하게 갇혀 버리는 셈이지요.

이것은 뾰족한 부분에 전기가 많이 몰려 있다는 뜻이기도 해요.

번개는 많은 전기를 품고 있어요.

그러니 전기가 많이 있는 곳을 좋아할 거예요.

이것이 번개가 뾰족한 곳을 유달리 좋아하는 이유예요.

뾰족한 곳은 전기의 양도 상대적으로 많으니, 전기장 세기도 강하겠지요.

사고 실험을 이어 가겠습니다.

번개는 상당한 전기 에너지를 지니고 있어요.

그래서 제대로 맞으면, 생명체이건 생명체가 아니건 큰 충격을 피하기가 어려워요.

더구나 번개는 일정한 길로 내려오는 것도 아니에요.

지그재그로, 제 기분대로 가는 듯싶어요.

그러니 더더욱 두려울 수밖에요.

하지만 번개가 내려칠 때마다 벌벌 떨고 있을 수만은 없어요.

대처를 해야 해요.

유인 작전을 쓰는 거예요.

번개를 한쪽으로 모는 것이지요.

번개가 좋아하는 게 무엇이지요?

그래요, 뾰족한 거예요.

그러니 번개가 가장 먼저 와 닿을 수 있도록, 높은 곳에 뾰족한 물체를 세우면 좋을 거예요.

이것이 고층 건물 위에 피뢰침을 설치하고, 피뢰침의 형태
가 무딘 공 같지 않고 날카로운 이유랍니다.

번개가 칠 때, 주의할 사항 몇 가지를 적어 보겠어요.

① 전기가 흐르는 곳에는 가까이 가지 않는 게 좋다.

② 철책이나 전력선 등 전기가 잘 통하는 물체 주변에서의 작업은
   멈춰야 한다.

③ 낚싯대나 골프채를 세우는 건 금물이다.

④ 물은 전기를 잘 통하니, 수영을 하는 중이라면 물에서 나와야 한
   다. 보트를 타고 있는 경우도 마찬가지이다.

⑤ 탁 트인 평지에서는 가능한 몸을 낮추는 게 좋다.

⑥ 주위에 높은 나무 한 그루가 우뚝 서 있으면 얼른 피하는 게 좋다.

⑦ 산꼭대기나 산봉우리에선 빨리 피해야 한다.

번개 뒤 천둥

우리는 매번 번개가 친 뒤에 천둥소리를 듣지요. 이유가 무
엇일까요?

소리와 빛의 속도는 다르지요. 천둥은 소리예요. 그러니 소
리의 속도로 움직일 거예요. 16℃ 정도일 때 소리의 속도는
초속 340m예요. 그러니까 소리는 상온에서 1초에 340m를
날아간다는 뜻이에요.

반면 빛은 어떤가요? 빛은 소리와는 비교가 되지 않을 만
큼 빠르지요. 1초 동안에 지구를 무려 7바퀴 반이나 돌 수 있
지요. 구체적으로 말하면, 1초 동안에 30만 km를 달려갈 수
가 있어요.

소리의 속도 : 1초에 340m를 날아간다.

빛의 속도 : 1초에 30만 km를 날아간다.

소리와 빛의 속도, 실로 엄청난 차이가 아닐 수 없습니다. 그러니 어느 것이 먼저 결승점에 도달할지는 뻔하지요.

천둥과 번개는 거의 동시에 만들어집니다. 그러나 한쪽은

소리의 속도로 내려오고 다른 한쪽은 빛의 속도로 내려오니, 지상에 도달하는 건 매번 번개가 빠를 수밖에 없습니다. 이 것이 번개가 친 후에 매번 천둥소리를 듣는 이유이지요.

장마

한반도는 장마와 떼려야 뗄 수 없는 관계에 있습니다. 한 해라도 장마를 치르지 않고 지나가는 경우가 없지요.

그러나 장마는 지구 전체에서 나타나는 보편적인 일기 현 상이 아닙니다. 극동과 동남 아시아 일대에서만 나타나는 특 이한 일기 현상이지요. 아메리카나 유럽에선 발생하지 않는 다는 뜻입니다.

장마는 어떻게, 왜 발생하는 걸까요?

사막이나 대양, 설원과 같은 넓은 지역에 공기가 장시간 머 물면 지표와 비슷한 성질을 띠게 되는데, 이걸 기단이라고 하지요. 기단은 발생지의 특성을 충실하게 반영합니다. 즉, 찬 지방에선 한랭한 기단, 따뜻한 지방에선 온난한 기단, 대 륙에선 건조한 기단, 해양에선 습윤한 기단이 생성되지요.

기단과 기단이 만나면, 어느 쪽 세기가 강한가에 따라 온난

전선과 한랭 전선이 형성되는데, 기단의 세기가 엇비슷하여 어느 쪽으로 밀리지 않고 한곳에 오래 머물게 되면 정체 전선이 만들어진답니다. 여름이면 한반도에 어김없이 찾아와서 엄청난 장대비를 쏟아 붓고 사라지는 장마 전선이 정체 전선의 대표적인 예이지요.

한반도 상공에 장마 전선을 형성하는 기단은 크게 2가지입니다. 하나는 일본 북부에서 생성된 오호츠크 해 기단이며, 다른 하나는 남쪽에서 형성된 북태평양 기단입니다. 이들이 지구 상공을 떠돌다가 한반도 상공에서 만나는 시기가 6월 중순쯤이고, 그 무렵 한반도에 장마 전선이 만들어지는 것입니다.

한국에 장마를 가져오는 기단이 북쪽으로 올라가면 중국, 남쪽으로 내려가면 일본에 장마가 옵니다. 그러나 두 나라의 장마는 우리와는 사뭇 다르답니다. 일본의 장마는 부슬부슬 내리는 반면, 중국의 장마는 소나기 형태를 보인답니다. 온도와 공기의 성격이 달라져서 기단의 특성이 바뀌기 때문입니다.

그리고 동남 아시아의 우기는 극동 아시아와는 또 다른 양상을 보입니다. 오랫동안 이어지는 비가 아니라 오후 한때 잠깐 퍼붓고 사라지는 비입니다. 이걸 스콜(squall)이라고 하는데, 타는 듯한 무더위를 식혀 주는 청량제 역할을 톡톡히 해 주지요.

기단의 표시

기단을 표시할 때는 기호를 사용합니다. 기호는 영어의 첫 글자를 따서 씁니다. 예를 들어서 북극 기단은 영어로 'Arctic air mass'라고 쓰지요. 그래서 첫 글자를 따서 A로 표시합니다.

여러 종류의 기단과 영문 이름 그리고 표시 기호를 적어 보면 다음과 같습니다.

종류	영문 이름	표시 기호
적도 기단	Equatorial air mass	E
열대 기단	Tropical air mass	T
북극 기단	Arctic air mass	A
한대 기단	Polar air mass	P
해양성 기단	maritime air mass	m
대륙성 기단	continental air mass	c
따뜻한 기단	warm air mass	w
차가운 기단	cold air mass	k(대륙성 기단과 겹침을 감안)

기단의 종류와 영문 이름

하나의 기단이 아니라, 여러 기단이 함께 어우러지면, 그에 맞는 기호를 혼합해서 사용합니다. 예를 들어서 대륙성 한대 기단을 표시할 때에는, 대륙성 기단을 뜻하는 c와 한대 기단을 의미하는 P를 연이어 써서 표시하지요.

몇몇 복합 기단의 종류와 표시 기호 그리고 대표적인 기단의 예를 적어 보겠습니다.

종류	기호	대표적인 예
해양성 한대 기단	mP	오호츠크 해 기단
해양성 열대 기단	mT	북태평양 기단
대륙성 한대 기단	cP	시베리아 기단
대륙성 열대 기단	cT	양쯔 강 기단

복합 기단의 종류와 표시 기호

앗~! 갑자기 비가 오네요. 어서 비를 피해야겠어요.

저쪽으로 피합시다.

그런데 참 신기하네요. 대체 이 물들은 어디에 있다가 이렇게 떨어지는 걸까요?

비가 내리려면 빗방울이 만들어져야 해요. 하늘에 떠 있는 수증기가 방울방울 모여 그것이 떨어지면 비가 되는 것이지요.

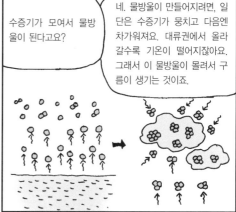

수증기가 모여서 물방울이 된다고요?

네. 물방울이 만들어지려면, 일단은 수증기가 뭉치고 다음엔 차가워져요. 대류권에서 올라갈수록 기온이 떨어지잖아요. 그래서 이 물방울이 몰려서 구름이 생기는 것이죠.

그럼 구름 속 물방울이 빗방울이 되는 거군요.

그렇죠. 구름은 비를 만드는 저장 창고나 마찬가지예요. 구름이 드넓게 퍼져 있다는 건, 빗방울이 많다는 뜻이에요.

그리고 구름이 두꺼우면 두꺼울수록 빛이 통과하기가 어려워서 어둡게 보이는 거고요.

아~, 알겠어요.

그래서 짙은 먹구름이 많이 낄수록 비가 거세게 오는 것이었군요.

비는 대기 중의 수증기가 응축하고 냉각되어 떨어지는 것이니 먹구름이 많을수록 장대비가 쏟아지는 것이죠.

6

태풍

태풍은 어디에서 어떻게 만들어질까요?
태풍이 발생하는 원인과 영향을 알아봅시다.

6

여섯 번째 수업

태풍

코리올리가 한반도에
태풍이 왔던 때를 생각하며
여섯 번째 수업을 시작했다.

태풍의 이모저모

막바지 무더위가 가실 즈음이면 태풍이 한반도를 찾아옵니
다. 평균적으로 한 해에 한두 번은 적잖은 피해를 남기고 사
라지지요. 하지만 태풍이 늘 악영향만 주는 것은 아닙니다.

한반도가 막바지 무더위에 지쳐 있을 때, 비를 뿌려 주고
사라지는 태풍은 찌는 듯한 더위와 가뭄을 동시에 해결해 주
는 고마운 존재이지요. 더구나 드세게 휘몰아치는 비바람은
남부 해역의 영양분을 골고루 뒤섞어 주고 산소를 풍부하게

해 주어 어장을 풍성하게 만들어 준답니다. 어디 이뿐인가
요. 남해안에 심심찮게 발생하는 적조까지 말끔히 쓸어내 주
니 태풍을 그저 나쁘다고만 할 일은 아니지요.

태풍은 발생 지역이 어디냐에 따라 4종류로 나눕니다. 북
태평양의 남부 서해상에서 발생하면 태풍, 북대서양의 서인
도 제도, 멕시코 만, 플로리다 인근에서 발생하면 허리케인,

북인도양의 벵골 만과 아라비아 해 일대에서 발생하면 사이클론, 오스트레일리아 인근 해역에서 발생하면 윌리윌리라고 부르지요. 이처럼 이름은 제각각이지만 중심 부근의 최대 풍속은 모두 초속 17m 이상이랍니다.

과학자의 비밀노트

태풍의 눈

태풍은 강풍과 폭우를 동반한다. 그러나 급작스레 멎으면서 날씨가 갠다. 태풍의 눈 속으로 들어온 것이다. 태풍의 눈 속은 찌는 듯이 무덥고 숨막히게 답답한 느낌을 주며 바람이 약하고 하늘을 볼 수 있다. 또한 태풍의 눈은 기온이 가장 높으며 태풍이 강할수록 주변과의 온도차가 크게 나타난다.

이러한 사실을 종합하여 태풍의 눈 속에 서 있다고 상상해 보자. 마치 높이 15km에 지름이 30~50km인 원형 경기장 한가운데 서서 백색의 구름벽이 천천히 회전하는 것을 볼 수 있을 것이다.

태풍과 파도

태풍이 불면 유난히 파도가 높고 강하지요. 이유가 뭘까요? 사고 실험을 통해 알아보도록 하겠습니다.

태풍이 몰고 오는 비바람의 세기는 엄청 강해요.

그 기세에 바닷물이 떠밀리고 솟아오르니 파도가 높아지는 건 당연하지요.

이뿐만이 아니에요. 태풍이 한번 다가오면, 주변에 모여 있던 공기가 바람에 짓눌려서 옆으로 밀려나요.

태풍의 위력 앞에 대기가 옆으로 밀려났으니 기압은 낮아질 거예요.

대기가 누르는 힘이 바로 대기압(기압)이니까요.

그래서 태풍이 지나가는 곳은 예외 없이 기압이 낮아져요.

태풍의 세기가 강하면 강할수록 더 많은 대기를 몰아낼 테니, 기압은 더 큰 폭으로 떨어질 거예요.

기압이 낮아졌으니 해수면을 누르는 힘은 어떻게 되겠어요?

그래요, 약해져요.

누르는 힘이 약해지면, 해수면은 솟아오르게 되어 있어요.

그러니 태풍이 지나간 곳의 해수면은 어떻게 되겠어요?

맞아요, 다른 곳의 해수면보다 높아질 거예요.

그렇습니다. 대기압이 1hPa(헥토파스칼) 감소하면 해수면은 1cm 가량 상승하는 걸로 알려져 있습니다. 태풍의 중심기압은 평균적으로 970hPa입니다. 이것은 평상시 해수면을 내리누르는 1,013hPa보다 40~50hPa가량 낮은 압력이지요.

사고 실험을 계속 이어 가겠습니다.

대기압이 1hPa 줄 때마다, 해수면은 얼마나 상승한다고 했죠?

그래요, 1cm 상승한다고 했어요.

그러면 대기압이 40~50hPa 줄었으니, 해수면은 얼마나 올라가겠
어요?

그렇죠, 40~50cm가량 높아질 거예요.

해수면이 보다 높아졌으니 파도는 어떻게 되겠어요?

한층 높고 드셀 거예요.

파도가 높고 거세어졌으니 힘도 엄청 강할 거예요.

그런 파도가 해안가로 오면 피해는 상당할 거예요.

이것이 태풍이 오면 수 m 높이의 거센 파도가 일고, 해안
가 일대에 적잖은 피해를 남기고 떠나는 이유예요.

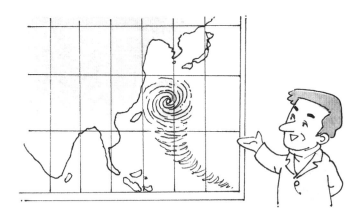

한반도를 향해 북상하는 태풍의 진로를 보면, 비켜갈 듯이 북서쪽으로 가다가 어느 순간 우측으로 방향을 트는 것을 볼 수 있습니다. 왜 이런 현상이 벌어지는 걸까요?

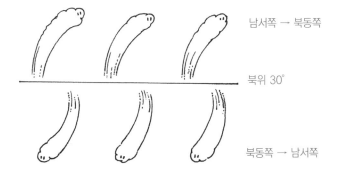

남서쪽 → 북동쪽

북위 30°

북동쪽 → 남서쪽

지구 상공에서 움직이는 대기는 북위 30° 부근을 경계로 해서 정반대로 엇갈리지요. 즉, 30° 아래쪽에서는 북동쪽에서 남서쪽으로 향하고, 30° 위쪽에서는 남서쪽에서 북동쪽으로 향하지요.

그러니 북상하는 태풍이 이러한 대기의 흐름에 영향을 받는 건 불을 보듯 뻔하지요. 여기서 사고 실험을 하겠습니다.

한반도로 태풍이 올라오고 있어요.

북위 30° 이전까지 대기는 북동쪽에서 남서쪽으로 불어요.

북위 30°까지는 태풍이 이것의 영향을 받아야 해요.

북동쪽에서 남서쪽이라면, 올라오는 태풍을 옆으로 밀치는 격이에요.

그러니 태풍이 어떻게 되겠어요?

서쪽으로 비스듬히 기울 거예요.

태풍이 북위 30° 이전까지는 북서쪽으로 가는 이유예요.

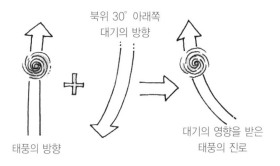

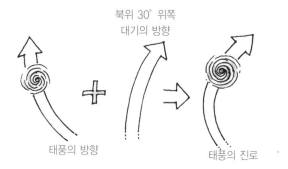

북위 30° 위쪽
대기의 방향

태풍의 방향

태풍의 진로

북위 30°를 지나, 대기는 남서쪽에서 북동쪽으로 불어요.

북위 30° 이후에는 태풍이 이 대기의 영향을 받아야 해요.

남서쪽에서 북동쪽이라면, 오른쪽으로 미는 셈이에요.

그러니 태풍이 어찌되겠어요?

동쪽으로 방향을 비스듬히 틀 거예요.

이것이 북위 30° 이전까지는 자꾸만 멀어져 가던 태풍이, 북위 30° 이후부터는 방향을 급선회하여 한반도와 일본 열도를 향해 빠른 속도로 북상하는 이유입니다.

태풍의 회전 방향

인공위성에서 찍은 태풍 사진을 보면, 솜사탕이 만들어지듯 안쪽으로 휘휘 말려들어 가고 있어요. 왜 이런 모양이 만들어지는 걸까요?

사고 실험을 하겠습니다.

태풍은 거센 바람으로 공기를 몰아내요.

공기가 적어지면 대기압이 약해져요.

그래서 태풍의 중심은 기압이 낮아요.

저기압 상태가 되는 거예요.

저기압이란, 주변보다 기압이 낮은 상태예요.

반면, 그로 인해 태풍 주위는 상대적으로 고기압이 되는 거예요.

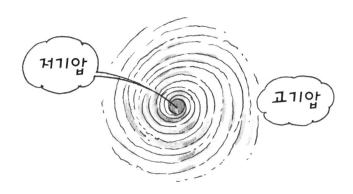

열은 뜨거운 곳에서 차가운 곳으로 흘러요.

마찬가지로, 대기도 압력이 높은 곳에서 낮은 곳으로 흘러요.

그러니 태풍 근처에 모인 대기는 기압이 낮은 태풍 중심으로 흘러 들어 갈 거예요.

그렇습니다. 태풍은 사방의 대기를 끌어들이지요. 그러면 그 기세에 압도당해, 주변에 있는 모든 것들이 태풍 중심으로 딸려 들어갑니다. 영화에서 보면, 태풍보다 에너지가 한참 뒤지는 회오리바람이 지나갈 때도 모든 것을 쓸어담아 가지요.

사고 실험을 계속하겠습니다.

고기압에서 대기가 빠져나가는 걸 생각해 봐요.

아무런 힘이 없으면, 대기는 곧게 나아갈 거예요.

그러나 현실은 그렇지 않아요.

지구가 회전하기 때문이에요.

지구가 자전하면서 생기는 힘이 무엇이지요?

맞아요, 전향력이에요.

그래서 고기압에서 나오는 대기는 전향력을 받아요.

전향력은 북반구에서 어느 쪽으로 작용하지요?

그래요, 오른쪽이에요.

그래서 대기는 전향력을 받아 오른쪽으로 휘어져요.

이것은 시계 바늘이 도는 방향과 같아요.

즉, 시계 방향으로 휘어지지요.

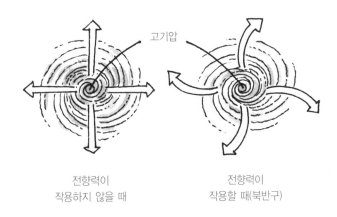

| 전향력이 | 전향력이 |
| 작용하지 않을 때 | 작용할 때(북반구) |

사고 실험을 이어 가겠습니다.

태풍의 중심은 저기압이에요.

그러니 태풍의 중심으로 바람이 불어서 들어갈 거예요.

그러나 그 방향이 시계 방향인지 아닌지가 궁금해요.

이건 대칭을 생각하면 간단히 해결되지요.

왼손과 오른손의 대칭처럼 말이에요.

고기압에서 대기가 빠져나오는 경우를 거꾸로 생각해 보세요.

어떻게 하면 대칭이 되겠어요?

고기압을 저기압으로 바꾸고, 대기가 움직이는 화살표의 방향을 바꾸면 될 거예요.

이건 시계 바늘이 도는 방향과 반대예요.

즉, 반시계 방향인 거예요.

그렇습니다. 태풍은 반시계 방향으로 회전하며, 주위에 있는 모든 걸 쓸어담으며 전진한답니다.

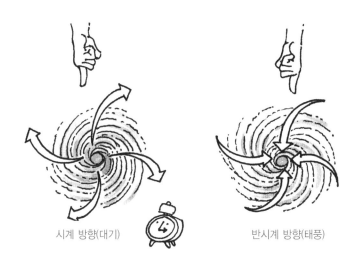

시계 방향(대기)　　　　　　　　반시계 방향(태풍)

비가 그렇게 오더니 역시 태풍이 오려나 봐요. 큰일이네요. 태풍이 오면 피해가 클 텐데….

그렇죠. 태풍이 오면 여러 가지 피해가 생기니까요. 하지만 태풍을 그저 나쁘다고만 말할 수는 없어요.

네? 그게 무슨 말씀이시죠? 그럼 태풍이 좋단 말인가요?

물론 한반도를 찾아온 태풍 중 한 해에 한두 개는 적잖은 피해를 남기고 사라지죠. 하지만 그렇다고 해서 태풍이 늘 악영향만 주는 것은 아닙니다.

태풍 때문에 가뭄이 해결되었다.

태풍은 찌는 듯한 더위와 가뭄을 해결해 주고, 비바람은 바닷속 영양분을 골고루 뒤섞어 주어 어장을 풍성하게 해 줘요. 또 적조까지 말끔히 쓸어 내 주니, 나쁘다고만 할 일은 아니지요.

와~, 그런 고마운 일도 하고 있었군요. 그런데 태풍은 종류가 하나뿐인가요?

아니죠. 태풍은 발생 지역이 어디냐에 따라 네 종류로 나눕니다.

북태평양의 남부 서해상이면 태풍, 북대서양의 서인도 제도와 멕시코 만과 플로리다 인근이면 허리케인, 북인도양의 벵골 만과 아라비아 해 일대면 사이클론, 호주 인근 해역이면 윌리윌리라고 부르지요.

북반구

남반구   사이클론   윌리윌리   허리케인   태풍

하지만 이처럼 부르는 이름은 제각각이어도, 중심 부근의 최대 풍속은 모두 다 초속 17m 이상의 무서운 바람이라는 것은 같지요.

아무리 고마운 일을 해 줘도 역시 무섭네요.

7

눈의 이모저모

어떤 눈은 함박눈이 되고, 어떤 눈은 가루눈이 되는 걸까요?
눈의 생성, 종류 그리고 눈이 생활에 미치는 영향에 대해 알아봅시다.

코리올리는
눈이 생길 수 있는 조건을 설명하며
일곱 번째 수업을 시작했다.

눈의 형성

구름 속의 물 분자가 액체 상태로 달라붙어서 지상으로 떨어지는 것이 비라고 하면, 눈은 고체 상태로 떨어지는 것이지요.

눈 : 구름 속 물 분자가 고체 상태로 달라붙어서 지상으로 떨어지는 것

눈이 내리려면 우선 물방울이 얼어야 할 테니 기온은 영하

로 떨어져야 할 테고, 다음은 충분한 수증기가 대기 중에 퍼져 있어야 합니다.

그렇다면 대기의 온도와 수증기량 사이의 관계를 고려해 볼 필요가 있을 겁니다.

대기 속 수증기량은 온도에 상당히 민감합니다. 하지만 무조건 온도를 급격히 떨어뜨린다고 눈이 잘 만들어지는 것은 아닙니다. −40℃ 이하로 내려가면 눈송이의 형성은 어려워지지요. 눈을 만드는 데 최적인 대기 온도는 −10℃ 내외인 것으로 알려져 있습니다.

함박눈과 가루눈

함박눈이 내리면 따뜻하다는 말이 있지요. 이 말이 맞을까
요? 사고 실험으로 진위를 가려 보겠습니다.

함박눈은 눈송이가 커요.

큼직한 눈송이가 되려면 수증기가 잘 달라붙어야 해요.

수증기가 꽁꽁 얼면 눈송이가 달라붙기가 어려워요.

녹을 것 같기도 하고 얼 것 같기도 한 여건이 조성되어야 눈송이가

잘 달라붙을 수 있을 거예요.

녹을 듯 얼 듯한 상태는 기온이 그다지 낮지 않다는 뜻이에요.

기온이 낮지 않으니 포근할 수밖에요.

그래서 함박눈은 포근한 날 내리고, 함박눈이 내리면 따뜻하다는 말이 생겨난 것이지요.

그러면 함박눈과는 모양새가 다른 가루눈은 어떨까요? 사고 실험으로 해결해 보겠습니다.

가루눈은 눈송이가 작아요.

작은 눈송이가 만들어지려면 수증기가 잘 달라붙어서는 안 돼요.

수증기가 꽁꽁 얼면 눈송이가 달라붙기 어렵지요.

수증기가 꽁꽁 언다는 것은 기온이 상당히 낮다는 거예요.

기온이 낮으니 날씨가 매서울 수밖에요.

그래서 가루눈은 몹시 추운 날 내리고, 가루눈이 내리면 춥다는 말이 생겨난 것입니다.

따라서 함박눈이 내리면 포근하고, 가루눈이 내리면 몹시 춥다는 사실을 알 수 있습니다.

눈의 모양

눈은 육각형 모양이라고 흔히들 알고 있습니다. 그러나 눈을 현미경으로 들여다보면 다양한 형태에 새삼 놀라게 됩니다. 똑같은 모양의 눈을 찾기가 어렵다고 할 정도니까요. 왜 그럴까요?

눈의 기본형은 육각형입니다. 여기에 물 분자가 어떤 방향으로 붙느냐에 따라서 일차적인 눈의 형태가 결정됩니다. 이로부

터 별, 부채, 꽃, 나뭇가지 형태의 눈송이가 만들어지지요.

여기에 대기의 온도, 바람의 방향, 습도 등에 따라 분자들이 달라붙는 방향과 수가 현저한 차이를 보이게 됩니다. 따라서 눈송이의 모양이 천차만별인 것입니다.

눈의 양면성

눈이 내려서 좋은 점은 무엇일까요?

우선, 눈은 대기를 깨끗하게 해 줍니다. 대기에 붙어 있는 먼지와 티끌을 쓸어내리기 때문이지요. 또, 건조한 기후를 바꿔 줍니다. 겨울은 비가 올 확률이 적어서 건조하지요. 그런데 눈마저 내리지 않으면 건조한 기후가 장시간 이어질 수 있습니다. 그래서 가끔씩 찾아와 지상을 적셔 주는 눈은 건조해지기 쉬운 환경에 더없는 오아시스나 마찬가지지요. 게다가 눈은 단열성이 우수해서 추위를 막을 수 있게 해 줍니다. 에스키모 인이 이글루라는 얼음집을 지어 살면서 지붕에 쌓인 눈을 굳이 치우지 않는 이유가 그런 단열 효과 때문이랍니다.

그러나 눈에 긍정적인 면만 있는 것은 아닙니다. 눈은 도로

에선 더 없이 불편한 존재입니다. 폭설이 내린 경우는 말할 것도 없고, 도로를 살짝 덮기만 해도 그야말로 지옥으로 변하지요. 거기에다 쌓인 눈이 녹지 않고 곧바로 얼어붙기라도 하면 길이 미끄러워져 걸어다니기 힘들고 차들도 다니기 힘듭니다.

　어디 그뿐인가요? 폭설이 내리면 통신이 두절되고, 눈의 무게에 짓눌려 비닐하우스가 망가지기도 합니다.

와, 함박눈이 펑펑 내려요!

그런데 이상해요. 눈이 내리는데 날씨가 춥지 않고 포근해요.

함박눈이 내릴 땐 날씨가 따뜻하지요.

함박눈은 눈송이도 더 크던데 추워서 그런 게 아닌가요?

함박눈처럼 눈송이가 커지려면 수증기가 잘 달라붙어야 하는데, 수증기가 꽁꽁 얼면 달라붙기가 어려워져요.

-20℃

얼음 알갱이

수증기

눈

눈송이가 잘 달라붙으려면 녹을 듯 말 듯한 여건이 조성되어야 해요.

그러니까 녹을 듯 말 듯한 상태는 기온이 그다지 낮지 않다는 뜻이군요.

기온이 낮지 않으니까 포근한 것이었군요.

녹을락 말락

그럼 함박눈과는 모양새가 다른 가루눈은 어떤가요?

가루눈은 눈송이가 작지요? 작은 눈송이가 만들어지려면 수증기가 잘 달라붙어서는 안 되지요.

수증기가 꽁꽁 얼면 눈송이가 달라붙기 어려워요. 그래서 수증기가 꽁꽁 언다는 것은 기온이 상당히 낮다는 거예요.

기온이 낮으니 날씨가 매서울 수밖에 없겠네요.

아우 추워~

무조건 온도만 떨어진다고 눈이 잘 만들어지는 건 아니에요. -40℃ 이하로 내려가면 눈송이 형성이 어려워져요. 눈을 만드는 최적의 온도는 -10℃ 내외예요.

그렇군요. 전 아주 추워야만 눈이 만들어지는 줄 알았어요.

8

엘니뇨와 이상 기후

지구 전체에 심각한 영향을 미치는 엘니뇨 현상이란 무엇일까요?
엘니뇨, 라니냐 등의 이상 기후에 대해 알아봅시다.

여덟 번째 수업

엘니뇨와 이상 기후

코리올리는 지구의
이상 기후에 대해 걱정스런 마음으로
여덟 번째 수업을 시작했다.

엘니뇨

엘니뇨가 지구촌 곳곳을 아프게 하고 있습니다. 에스파냐
어로, '남자아이' 또는 '아기 예수'라는 뜻의 엘니뇨는 태평양
적도 인근의 해수면 온도가 비정상적으로 상승하면서 나타
나는 기상 이변이지요. 특히, 크리스마스 즈음부터 이듬해 3
월까지 페루에서 에콰도르 연안에 이르는 해역의 온도가 이상
적으로 급등합니다. 이때 바닷물의 온도는 평균적으로 2~3℃,
심하면 8~10℃까지 치솟는답니다.

엘니뇨는 20세기 후반에 극성을 부렸지요. 그래서 엘니뇨가 근래에 생긴 신종 기상 이변이라고 생각할 수 있지만 그렇지는 않습니다. 엘니뇨는 과거부터 있어 왔고, 근래에 부각되었을 뿐이지요.

엘니뇨가 발생하면 인도네시아를 비롯한 서태평양의 적도 부근과 동태평양의 해수 온도가 동반 상승하면서 지구 전체에 심각한 영향을 미칩니다. 그러면서 지구촌에 가뭄과 홍수, 폭풍을 불러오지요. 엘니뇨는 농작물의 작황뿐 아니라 해양 생태계에도 심각한 영향을 끼쳐서 어업에 막심한 피해를 입힙니다.

엘니뇨는 3~4년 주기로 나타나는 경향이 있는데, 적도 인근의 바닷물과 불안정한 대기가 상호 작용해서 엘니뇨가 생긴다는 것이 정설입니다.

기상 상태가 정상이라면 동남아시아 일대에는 고온 다습한 상승 기류가 형성되어 비가 듬뿍 내려야 하지요. 그런데 엘니뇨가 기승을 부리면 정반대의 현상이 나타나서 동남아시아에 심각한 가뭄이 있게 됩니다. 그래서 기상학자들은 엘니뇨를 '태평양의 악동'이라고 부르는 데 주저하지 않습니다.

엘니뇨와 반대의 뜻을 가진 라니냐도 있습니다. 라니냐는 '여자아이'란 뜻으로, 적도 근방의 바닷물의 온도가 비정상적으로 낮아지는 자연 현상이지요. 이러한 라니냐는 근래 태평양에 허리케인을 불러오며 출현하지요.

예전에는 엘니뇨와 라니냐가 비교적 주기적으로 나타났다가 사라졌습니다. 한마디로, 엘니뇨와 라니냐의 출몰이 예측 가능했던 것입니다. 그런데 근래 들어 그 주기를 예측하기 힘들며, 엘니뇨의 출현 횟수가 더욱 많아지고 있답니다.

엘니뇨

라니냐

엘니뇨 피해

엘니뇨는 지구 전체의 기후를 대혼란에 빠뜨립니다. 동북 아시아에는 무덥지 않은 여름과 따뜻한 겨울이 오고, 인도네시아와 오스트레일리아에는 땅바닥이 쩍쩍 갈라지는 심한 가뭄이, 미국 서부에는 하늘에 구멍이라도 난 듯한 폭우가 몰려옵니다. 그러나 이것마저도 일정한 패턴이 있는 것이 아니고, 갑작스럽게 나타나는 경우가 허다해서 예측하기가 지극히 어렵답니다.

1997년에 찾아온 엘니뇨가 전 세계에 입힌 피해는 그야말로 악마가 할퀴고 간 상처 그 자체였습니다. 미국 콜로라도와 텍사스에서는 5시간 동안 수백 mm의 강우가 쏟아졌고,

칠레의 산티아고에서는 극심한 스모그가 발생했습니다. 또한 아르헨티나에서는 한겨울 온도가 36℃까지 치솟았고, 독일과 폴란드에서는 200년 만의 대홍수를 겪었습니다.

그리고 발트 해에서는 바닷물의 온도가 급상승해 독성 조류가 급속히 퍼져 나갔고, 파키스탄에서는 폭우로 수십 명이 사망했으며, 러시아에서는 불볕더위와 가뭄으로 자연 발화한 산불이 70여 건을 넘었습니다. 또, 베트남에서는 모기가 극성을 부려 4,000여 명이 뎅기열에 감염되었으며, 중국 서안에서는 50년 만의 폭염으로 200여 명의 사상자가 생겼고, 북한에서는 60여 년 만에 찾아온 가뭄으로 저수지 600여 개 이상이 고갈되었습니다.

태평양 연안에 인접한 국가는 엘니뇨 영향권에 들어 있습

니다. 특히 이 지역은 세계 최대 곡물 수출국인 미국과 중국, 캐나다와 오스트레일리아가 속한 곳이어서, 엘니뇨가 세계 곡물 시장에 미치는 영향은 상상을 초월할 정도랍니다. 예를 들어 엘니뇨가 한 번 지나가면 옥수수 값이 2배 가까이 급등하지요.

과학자의 비밀노트

지구촌 이상 기후 현상

2010년 겨울, 지구 전체가 이상 기후로 몸살을 앓았다. 아시아와 유럽, 북아메리카 등 북반구 국가들에선 보기 드문 한파와 폭설이 휩쓸고 있는 반면 남반구는 극심한 무더위와 홍수로 인한 피해가 속출하고 있다. 남반구에 위치한 호주 멜버른에서는 기온이 44℃를 넘어가면서 선로가 제 기능을 하지 못해 열차 운행이 지연되거나 취소되었고, 폭우로 가옥 수백 채가 침수되기도 했다.

북반구의 한파와 폭설 피해도 이어지고 있다. 독일 북동부 일부 마을은 폭설로 고립됐고, 아일랜드는 전체 곡물의 75% 이상이 냉해로 수확되지 못하였다.

　반면 같은 북반구지만 북극 영역에 속하는 캐나다 북부와 알래스카, 그린란드 지역은 오히려 예년보다 10℃ 이상 기온이 오르는 이상 고온 현상이 나타났다.

만화로 본문 읽기

지구촌 곳곳이 엘니뇨로….

뉴스를 보니까 여러 나라에서 엘니뇨 때문에 난리가 났어요. 엘니뇨가 근래에 생긴 기상 이변인가요?

아니에요. 엘니뇨는 과거부터 있어 왔지만 근래 들어 엘니뇨의 출현 횟수가 더욱 많아지고 있지요.

엘니뇨가 정확히 뭔가요?

태평양 적도 인근의 해수와 불안정한 대기가 상호 작용해서 해수면의 온도가 비정상적으로 상승하면서 나타나는 기상 이변이에요.

바다가 더워졌어.

서태평양의 적도 부근과 동태평양의 해수 온도가 동반 상승하면서 지구 전체에 심각한 영향을 주지요.

어떤 심각한 영향을 주는데요?

적도 부분 온도 상승

동북아시아에는 무덥지 않은 여름과 따뜻한 겨울이 오고, 인도네시아와 호주에는 심한 가뭄이, 미국 서부에는 폭우가 몰려오지요.

정말 무섭네요.

그러나 이마저도 일정한 패턴이 있는 것이 아니고 갑작스럽게 나타나는 경우가 허다해서 예측하기가 매우 어렵지요.

그렇군요.

주기가 없으니 예측할 수가 있나….

특히 태평양 연안에 인접한 국가에 엘니뇨가 한 번 지나가면 옥수수 값이 2배 가까이 급등한다고 해요.

엘니뇨가 곡물 시장에 미치는 영향이 상상을 초월하네요.

엘니뇨?

옥수수 값이 폭등하겠군.

9

대기 안정과 관련하여

새털구름과 뭉게구름은 어떻게 다를까요?
보슬비와 소나기를 만드는 온난 전선과 한랭 전선에 대해 알아봅시다.

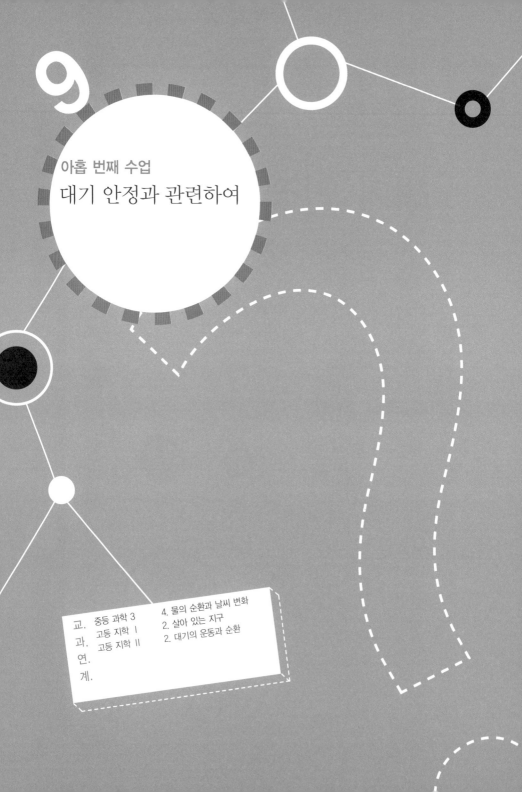

아홉 번째 수업

대기 안정과 관련하여

코리올리는 세상살이와
대기 상태를 비교하며
아홉 번째 수업을 시작했다.

온난 전선과 구름

　세상살이를 보면, 안정하고 평온하면 변화가 없습니다. 반면, 불안정하면 변화가 심해요. 일기도 마찬가지예요. 대기가 안정하거나 불안정하면 어떤 변화가 일어나는지, 사고 실험으로 알아보도록 하겠습니다.

　상공에 찬 공기와 더운 공기가 거대하게 몰려 있어요.
　이러한 공기 집단을 기단이라고 하지요.

찬 공기와 더운 공기가 부딪쳐요.

찬 공기는 내려가려고 하고, 더운 공기는 올라가려고 해요.

찬 공기는 상대적으로 밀도가 높고, 더운 공기는 밀도가 낮기 때문이에요.

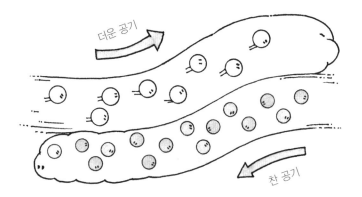

찬 공기는 밑으로, 더운 공기는 위로 움직이려고 하는 상황을 우리는 2가지로 나누어 생각해 볼 수가 있습니다. 찬 공기의 기세가 그리 강하지 않은 경우와 찬 공기의 기세가 상당히 강한 경우로 말이에요. 우선, 찬 공기의 기세가 강하지 않은 경우부터 사고 실험을 하겠습니다.

찬 공기의 기세가 강하지 않아요.

그래서 밑으로 내려간 공기가 그다지 큰 힘을 발휘하지 못해요.

이건 더운 공기가 별 영향을 받지 않는다는 말이에요.

큰 영향을 받지 않으니, 더운 공기는 완만하게 상승을 해요.

그러면서 안정된 형태의 구름이 만들어져요.

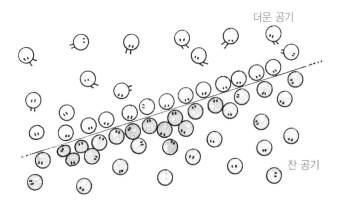

더운 공기

찬 공기

　이러한 환경에서 만들어지는 구름을 층운형 구름이라고 합니다. 층운(層雲)의 '층'은 겹겹이 쌓인다는 뜻이에요. 찬 공기와 더운 공기가 만나는 부근에서만 구름이 안정되게 생성된다는 의미에서 붙여진 이름이랍니다. 난층운, 고층운, 권층운, 권운 등이 여기에 해당하는 구름입니다.

　사고 실험을 계속하겠습니다.

　층운형의 구름은 경사면을 따라서 천천히 생겨요.

찬 공기의 기세가 강하지 않아서 경사면은 급하지 않아요.
이런 상태에서 비가 내리면
가는 비가 지속적으로 내리게 되는 거예요.

이것이 온난 전선의 특징이랍니다. 비가 그치고 전선이 지나간 다음에는 그 일대의 온도가 상승하지요. 찬 공기의 기운이 강하지 않기 때문입니다.

한랭 전선과 구름

다음은 두 공기의 온도차가 심한 경우에 대해 사고 실험을 하겠습니다.

이번에는 찬 공기의 기세가 상당히 강해요.

밑으로 내려간 공기가 상당한 힘을 발휘하는 거예요.

이렇게 되면 더운 공기가 영향을 받지 않을 수 없어요.

상당한 영향을 받으니, 더운 공기는 급격하게 상승을 해요.

형태를 갖추기가 어려울 정도예요.

그러다 보니 불안정한 형태의 구름이 생성되는 거예요.

이렇게 생긴 구름을 적운형 구름이라고 합니다. 적운(積雲)의 '적'은 회오리처럼 쌓인다는 뜻이지요. 대기 상층부로 죽죽 뻗어 나가면서 발달하는 구름이라는 의미이며, 적란운이 대표적인 구름입니다.

사고 실험을 계속하겠습니다.

적운형의 구름은 경사면을 따라서 빠르게 만들어져요.

찬 공기의 기세가 워낙 강해서 경사면이 상당히 급하지요.

이런 상태에서 비가 내리면 불안정한 비가 될 수밖에 없어요.

따라서 소나기성 집중 호우가 단기간에 쏟아지게 되는 거예요.

이것이 한랭 전선의 특징이랍니다. 일기 변화가 심할 뿐 아니라 비가 그치고 전선이 지나간 다음에는 그 일대의 온도가 급격히 떨어지지요. 찬 공기의 기운이 워낙 강하기 때문입니다.

단열 변화 1

대기의 안정 여부는 하늘에 뜬 구름의 형태를 보고도 유추할 수 있다는 것을 배웠습니다.

대기 안정: 층운형 구름 생성

대기 불안정: 적운형 구름 생성

구름이 활발히 생성되려면, 대기의 상승 운동이 필수적입

니다. 대기가 지상의 일기를 좌우하는 것이지요.

대기는 상승과 하강을 하면서 '단열 팽창'과 '단열 수축'을 합니다. 단열(斷熱)이란, 열을 차단한다는 뜻입니다. 즉, 팽창과 수축을 하면서 내부의 열은 처음 그대로를 유지한다는 의미입니다. 그래서 열이 변함없이 팽창하면 단열 팽창, 열이 변함없이 수축하면 단열 수축이라고 부릅니다.

단열 팽창과 단열 수축은 대기의 안정성 여부를 따지는 데 더할 나위 없이 중요한 개념입니다. 좀 과장되게 표현하면, 이 두 개념만 이해하면 대기와 일기 현상의 이해는 끝난 것이나 다름없다고 보아도 무방할 정도지요.

사고 실험을 하겠습니다.

공기가 태양 에너지를 받아요.

공기가 뜨거워진 거예요.

뜨거워졌다는 건, 열을 받았다는 거예요.

운동 에너지가 증가했다는 의미이기도 해요.

열을 받아 운동 에너지가 증가했으니, 사방팔방 날뛸 거예요.

날뛰다 보니, 공기들 사이의 간격이 이전보다 멀어져요.

간격이 멀어진다는 건 듬성듬성해진다는 거예요.

공기 수가 줄어들었다는 말이지요.

밀도가 낮아졌다는 의미예요.

밀도가 낮아지면 상대적으로 밀도가 높은 주변 공기에 의해 떠오르게 돼요.

부력을 받는 거예요.

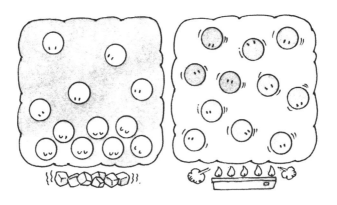

상승할수록 대기압은 약해져요.

사방에서 공기를 짓누르는 힘이 약해지는 거예요.

공기를 짓누르는 힘이 약해지니, 공기 안에 숨죽이고 있던 에너지가 그때서야 힘을 발휘해요. 밖으로 밖으로 말이에요.

그러니 공기가 커질 수밖에요.

부피가 증가한다는 거예요.

공기의 부피를 증가시키는 데 잠자고 있던 내부 에너지를 활용했으니, 공기가 갖고 있던 내부 에너지가 일부 감소한 셈이에요.

에너지는 열과 같아요.

그러니 부피가 커진 공기는 내부 열이 감소한 셈이지요.

열이 감소하면 온도가 떨어져요.

부피가 커지면 온도가 떨어진다는 말이에요.

공기가 상승하면서 팽창, 즉 단열 팽창하니까 공기의 온도
가 떨어지는 현상이 나타나는 것이랍니다.

단열 변화 2

이번에는 반대 상황을 사고 실험해 보겠습니다.

하늘에 공기가 떠 있어요.

냉기가 공기를 덮쳐서 공기가 차가워져요.

차가워졌다는 건 운동 에너지가 감소했다는 의미예요.

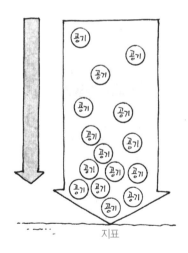

지표

운동 에너지가 줄었으니 움직임이 줄어들 거예요.

움직임이 줄었으니 공기들 사이의 간격이 이전보다 좁아져요.

좁아진다는 건 빽빽해진다는 거예요.

공기 수가 많아졌다는 뜻이기도 해요.

그건 밀도가 높아졌다는 의미예요.

밀도가 높아졌다는 건 무거워졌다는 말이에요.

무거워졌으니 밑으로 내려가게 돼요.

하강할수록 대기압은 강해져요.

사방에서 공기를 짓누르는 힘이 강해진다는 말이에요.

공기를 짓누르는 힘이 갈수록 세지니 공기가 자꾸 작아져요.

부피가 감소한 거예요.

공기가 이렇게 되기까지 공기 안의 내부 에너지는 아무런 힘도 쓰

지 않았어요.

내부 에너지는 그대로인데 에너지를 나누어 줄 공간은 줄어들었으니 공기 입자 하나가 차지하는 에너지는 오히려 늘어난 셈이지요.

에너지는 열과 같아요.

그러니 공기 입자 하나가 갖는 열이 증가한 셈이지요.

열이 증가하면 온도가 올라가요.

부피가 작아지면, 온도가 상승한다는 말이에요.

공기가 하강하면서 수축, 즉 단열 수축하니까 공기 온도가 올라가는 현상이 나타나는 것이랍니다.

저기 하늘 좀 보세요. 구름이 정말 예뻐요.

저런 구름을 층운형 구름이라고 하지요. 겹겹이 쌓인 구름이란 뜻이에요.

층운형 구름은 온난전선일 때 경사면을 따라 천천히 생겨요.

좀 더 자세히 알려 주세요.

층운형 구름 (수평 발달)

더운 공기

찬 공기

상공에 찬 공기와 더운 공기가 몰려 있으면 공기가 대류하는데, 이때 찬 공기의 기세가 강하지 않으면 더운 공기는 완만하게 상승하지요.

그때 층운형 구름이 만들어지는군요?

네, 맞아요. 안정한 형태의 구름에는 난층운, 고층운, 권층운, 권운이 여기에 해당하는 구름이에요.

한랭 전선일 때는 어떤 구름이 만들어지나요?

한랭 전선일 때는 찬 공기와 더운 공기의 온도 차이가 커서 불안정한 형태의 구름이 형성되지요.

온난 전선과 달리 경사면을 따라 빠르게 만들어지겠네요.

수직 발달

적운형 구름

찬 공기

더운 공기

맞아요. 이런 상태에서 만들어지는 구름이 적운형 구름이에요. 이때는 소나기성 집중 호우와 같은 불안정한 비가 내리지요.

구름에 따라 비가 내리는 모습이 다르군요.

갑자기 웬 소나기야!

일기 예측과 관련하여

일기 예측이 정말 돈을 벌게 해 주나요?
날씨 예측이 현대인의 모든 생활, 특히 경제에 얼마나
중요한 영향을 미치는지 알아봅시다.

10

마지막 수업
일기 예측과 관련하여

코리올리는
일기 예측에 관한 이야기로
마지막 수업을 시작했다.

르베리에와 기상청

파리의 천문학자인 르베리에(U. Le Verrier, 1811~1877)는 영국 박람회를 관람하고 돌아와 정부에 일기도의 효용성을 건의했지요.

"서둘러서 기상청을 건립해야 합니다."

그러나 정부의 답변은 르베리에의 뜻과는 거리가 멀어도 너무 멀었습니다.

"피 같은 세금을 그런 쓸모없는 곳에다가 투자할 수는 없소."

정부가 이렇게 단호히 거절하니 프랑스에 기상청이 설립되는 것은 아득히 먼 일인 듯 보였습니다.

그런데 크림 전쟁(1853~1856)이 발발했고, 뜻하지 않은 사건이 일어났습니다. 치열한 전투를 벌이고 잠시 휴전을 하고 있는데, 강풍이 급작스럽게 몰려와 프랑스 함대를 산산조각 낸 것이었습니다.

해군 사령관이 르베리에를 긴급히 불렀습니다.

"태풍이 갑작스럽게 분 원인을 즉각 조사해 주시오."

르베리에는 태풍이 발발하기 전 며칠 동안의 기상 자료를 모아 지도에 꼼꼼히 표시를 한 다음 그것을 해군 사령관에게 건넸습니다.

"이럴 수가!"

해군 사령관의 눈동자가 커졌습니다. 지도에는 태풍이 언제 어느 곳에서 발생했고, 어디로 움직일 것인지가 뚜렷하게 명시되어 있는 겁니다.

"이런 일기도를 미리 제작해서 배포했다면 지난번과 같은 피해를 사전에 예방할 수 있었겠군요."

사령관이 탄식하듯 말했습니다.

"그렇습니다."

르베리에가 말을 이었습니다.

"일기를 하루 이틀 앞서 예측한다면, 프랑스 산업 발전에도 상당한 기여를 할 거라고 봅니다."

사령관이 고개를 끄떡였습니다.

"어떻게 하면 되겠소?"

사령관은 지도에서 눈을 떼지 못하며 말했습니다.

"기상청을 즉각 설립해야 합니다."

사령관이 르베리에에게 고개를 돌렸습니다.

"기상청 설립을 다시 한 번 정부에 건의해 보시오. 장관 회의 때, 그 안건이 통과될 수 있도록 내가 최선을 다하겠소."

이렇게 해서 프랑스에 기상청이 설립되었고, 이때부터 기상학이 급류를 타듯 빠르게 발전해 나갔습니다.

날씨와 경제

날씨와 경제는 떼려야 뗄 수 없는 사이가 되었습니다. 그날, 그 달, 그 해의 일기는 개인이나 국가 경제 전반에 막중한 영향을 미칩니다. 날씨에 민감한 1차 산업은 말할 것 없고 2, 3차 산업까지 일기에 의해 희비가 엇갈리지요.

"비가 10mm 이상 내리면 레스토랑 매출이 절반으로 줄어듭니다."

"겨울철 백화점 바겐세일은 −6℃ 때 하면 매출이 급신장합니다."

"맥주 판매량은 흐린 날에는 평소의 92%로 떨어지고, 맑은

날에는 1℃ 상승할 때마다 4%씩 올라갑니다.”

이처럼 일기를 잘 이용하면 돈이 절로 들어오는 것이지요.

1994년 여름이었습니다. 한 전자 업체가 그해 처음으로 에어컨 사업에 뛰어들면서 치밀한 사전 준비를 했습니다. 올 한반도의 여름은 몹시 무더울 것이라는 일본 기상청의 예보 자료를 긴급 입수해서 에어컨의 주 부품인 냉매 압축기를 경쟁 업체보다 월등하게 챙겨 두었던 것이지요.

예상은 보기 좋게 맞아떨어졌습니다. 가정용 에어컨 시장은 수요를 감당하기 힘들 만큼 폭발적으로 늘었습니다. 전국에 38℃를 넘나드는 살인적인 더위가 연일 계속되었고, 기상청이 문을 연 이래 두 번째로 높은 기온을 기록한 날까지 발생했지요. 반면, 전해에 무작정 에어컨을 대량 생산했다가

이상 저온 현상 탓에 낭패를 보았던 한 업체는, 올해도 손해를 봐선 안 된다는 방침에 따라 에어컨 생산을 평년 이하로 줄였다가 쓰라린 아픔을 감수해야 했던 것입니다.

그렇습니다. 계절 상품의 판매는 날씨에 따라 웃고 우는 경우가 비일비재하답니다. 합리적인 통계 자료 없이 무턱대고 재고를 늘렸다가 낭패를 보기 일쑤이고, 잘못된 기상 예측으로 물건이 모자라 소비자의 원망과 아우성을 듣기도 한답니다. 이 모두가 일기와 관계된 기상 마케팅이 자아낸 신풍속도이지요.

그래서 기상 정보를 경영에 도입하는 날씨 마케팅이 동네 구멍가게에까지 자리 잡아 가고 있습니다. 프랑스의 한 양장점은 고객을 끌어들이기 위해 온도가 35℃ 이상으로 치솟으면 30%를 할인해 주고, 일본의 한 세탁소는 장마철에 요금을 20% 인하해 주는 상술을 써서 매년 폭발적인 매출을 올리고 있답니다.

이렇듯 일기와 경제가 불가분의 관계로 자리 잡으면서 새롭게 등장한 고부가 가치 사업이 날씨 장사이지요. 예전에는 기상청이 일기 정보를 독점한 까닭에 민간 업체가 이 시장에 발을 들여놓기가 쉽지 않았답니다. 그러나 기상법이 바뀌면서부터 민간 업체가 날씨 장사에 본격적으로 뛰어들 수 있게 되었습니다. 날씨 장사는 고속 성장을 이어 가는 신미래 사업인 겁니다.

누구는 대동강 물을 팔아서 떼돈을 벌었다는데, 나는 날씨를 팔아서 떼돈을 벌어 볼까?

일기를 통제할 날

　현대 문명이 발달했다고는 하지만 여전히 인간은 자연 현상 앞에 무력하기만 합니다. 하늘에 구멍이 났는지 몇 시간 동안 수백 mm의 비를 쏟아부어 강이 넘쳐도, 눈이 수십 cm가 쌓여 마을이 뒤덮여도, 아스팔트에서 아지랑이가 피어오를 정도로 폭염이 연일 이어져도 우리는 대항다운 대항 한번 못해 보고 무너지기 일쑤입니다. 할 수 있는 일이라곤 비구름이 걷힌 후에 물이 빠지길 기다리거나, 눈이 멈춘 후에 쓸어 내거나, 냉방기가 작동하는 건물 안에 온종일 머무는 것이 고작입니다. 문명인이고 만물의 영장이라는 생명체가 자연의 힘 앞에 대항할 수 있는 게 겨우 이 정도인 겁니다.

20세기 초까지만 해도 인간이 달에 발을 디딘다는 건 공상에 지나지 않는 일이었습니다. 그러나 인류는 달에 깃발을 꽂았지요. 마찬가지로 현재의 우리는 자연 현상 앞에 무력하기 이를 데 없지만, 기상을 통제해 보겠다는 바람을 버리지 않고 있습니다. 농번기에 적절히 비를 뿌려 줄 수 있는 날, 태풍의 거대한 에너지를 유용하게 전환시킬 수 있는 날, 번개의 막대한 전기 에너지를 저장했다가 재사용할 수 있는 날이 하루빨리 현실로 다가오기를 바랍니다.

코리올리 힘을 이론적으로 유도한
코리올리 Gustave Coriolis, 1792~1843

코리올리는 프랑스의 물리학자이며 수학자, 공학자입니다. 코리올리는 파리 공과 대학을 졸업한 후 1816년에 모교의 교수, 1836년에는 프랑스 과학 아카데미 회원이 되었습니다.

서양에서는 17세기부터 과학 학회가 창립되었습니다. 과학자들이 모여서 과학에 대해 연구도 하고 발표도 하는 모임입니다. 유럽에서 과학 학회를 열성적으로 개최한 곳은 영국과 프랑스였습니다.

영국에는 1662년에 세운 왕립 학회가 있었고, 프랑스에는 1666년에 세운 과학 아카데미가 있었습니다. 프랑스의 과학 아카데미는 영국의 왕립 협회와는 달리 국가가 학회의 모든 것을 직접 관리하는 최초의 국립 학회였습니다. 프랑스 과학 아카데미의 회원이 되려면 학문적 업적을 인정받아야 합니다. 코리올리는 그만한 자격을 갖추고 있었습니다.

코리올리는 '일'에 대한 개념을 확립했고, 회전하는 계에서 느껴지는 관성력을 처음 설명해 냈습니다. 이것을 '코리올리 힘'이라고 합니다. 태풍이 북반구에서 반시계 방향으로 소용돌이가 생기고, 남반구에서 반대로 생기는 현상도 지구 자전에 따르는 코리올리 힘으로 설명할 수 있습니다.

코리올리 힘은 대기 현상을 다루는 기상학과 포탄의 운동 궤적을 연구하는 탄도학, 해류의 움직임을 관찰하는 해양학에서 매우 중요하게 다루는 개념입니다.

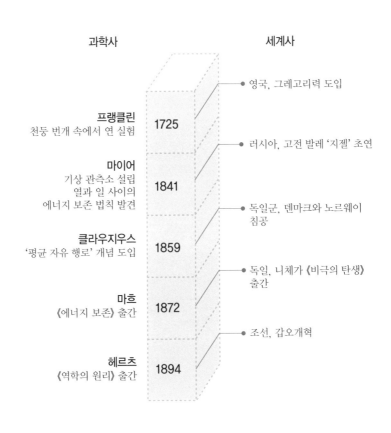

과학사

세계사

● 영국, 그레고리력 도입

프랭클린
천둥 번개 속에서 연 실험

1725

● 러시아, 고전 발레 '지젤' 초연

마이어
기상 관측소 설립
열과 일 사이의
에너지 보존 법칙 발견

1841

● 독일군, 덴마크와 노르웨이
침공

클라우지우스
'평균 자유 행로' 개념 도입

1859

● 독일, 니체가 《비극의 탄생》
출간

마흐
《에너지 보존》 출간

1872

● 조선, 갑오개혁

헤르츠
《역학의 원리》 출간

1894

1. 지구 표면을 둘러싸고 있는 대기층을 ☐☐☐ 이라고 합니다.

2. 전향력은 발견자의 이름을 따서 ☐☐☐☐ ☐ 이라고도 합니다.

3. 지구는 태양으로부터 받은 빛을 반사하는데 ☐☐☐☐☐☐ 와 수증기 와 오존이 그중 일부를 재흡수합니다.

4. 대기 오염은 광화학 스모그와 산성비를 낳는 주요인입니다. 스모그는 배기가스와 ☐☐ 의 합성어입니다.

5. 사막이나 대양이나 설원과 같은 지역에 공기가 장시간 머물러 지표와 비슷한 성질을 띤 것을 ☐☐ 이라고 합니다.

6. ☐☐☐ 는 태평양 적도 인근의 해수면 온도가 비정상적으로 높아지 면서 나타나는 기상 이변입니다.

7. 열이 변함없이 팽창하면 단열 팽창, 열이 변함없이 수축하면 ☐☐ ☐ ☐ 이라고 합니다.

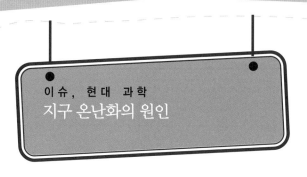

지구가 점점 더워지고 있습니다. 대다수의 과학자들은 이 현상의 원인을 온실 효과에서 찾으려 하고 있습니다.

대기 중에 온실 효과 물질이 너무 적거나 대기가 희박하면 태양광의 재흡수가 원활하게 이루어지지 않아서 지구의 온도가 현재보다 30~40℃ 가량 상승과 하강을 반복하게 됩니다. 화성은 대기가 적어 낮에는 햇빛을 그대로 받아서 섭씨 수십 ℃ 이상이 되지만, 밤에는 모든 열이 방출되어서 섭씨 영하 100℃ 이하로 떨어집니다.

이렇듯 지구 대기에 의한 온실 효과는 그 자체가 해로운 게 아니랍니다. 문제는 온실 효과가 아니라 온실 효과를 일으키는 물질이 과다해지는 것입니다. 온실 효과 물질이 극히 많아서 필요 이상으로 태양광을 흡수하면 지구는 점점 더워지다가 심각한 이상 재해를 불러옵니다.

산업 혁명 이후 석탄, 석유와 같은 화석 연료의 사용이 증가하면서 온실 효과 물질의 농도가 높아졌습니다. 문명이 발달할수록 나날이 증가하는 인구를 수용하고 먹여 살리기 위해 주택을 짓고 논밭을 개간하다 보니 삼림이 훼손되었습니다. 그 결과 대표적인 온실 효과 기체인 이산화탄소의 양이 무섭게 증가했습니다.

1800년 무렵엔 280ppm이던 것이 1958년에는 315ppm, 2000년에는 367ppm으로 증가했습니다. 이는 현재의 지구 온난화가 온실 효과 기체의 증가와 관련이 있다고 보는 근거입니다.

그러나 다른 견해도 있습니다. 지구의 평균 기온은 400~500년을 주기로 1.5℃ 내외의 범위로 변했습니다. 15세기에서 19세기까지는 비교적 기온이 낮았으나, 20세기에 들어 기온이 올랐습니다. 앞의 통계 분석대로라면 현재의 지구 기온 상승은 온난화보단 자연스러운 기후의 변화일 뿐이라는 주장입니다.

어느 쪽의 주장이 맞을지는 앞으로의 지구 평균 기온이 답해 줄 것입니다. 지구의 평균 기온이 통계 자료 이상으로 상승한다면 지구 온난화가 맞을 것입니다.

찾아보기
어디에 어떤 내용이?